미바튼 호수의 기적

미바튼 호수의 기적

새와 파리, 물고기, 그리고 사람들 이야기

운누르 외쿨스도티르 지음 | 서경홍 옮김

사랑하는 한국 독자들에게

여러분들이 이 책을 읽으며 대서양 북쪽 끝에 있는 작은 섬의 자연과 생태계를 알게 된다고 생각하니 너무나 기쁩니다. 나와 여러분은 아주 멀리 떨어져 있으며 우리들의 언어는 너무도 다릅니다. 그러나 이제 나의 책이 아름다운 한국어로 번역됨으로써 우리들 사이에 다리가 놓이게 되었습니다. 이것은 작은 기적이며 이 사실이 저를 매우 행복하게 합니다. 이 자리를 빌려 저는 번역자에게 커다란 고마움을 전하고 싶습니다.

비록 사는 곳은 다르지만 우리는 자연과 지구에 대한 사랑을 함께하고 있다고 느낍니다. 이 책은 여러분이 살고 있는 곳과 멀리 떨어진 작은 섬의 자연과 생태계에 대해서만 이야기하고 있지 않습니다. 이 책은 그 작은 섬 가운데에서도 특별한 곳에 시선을 집중하고 있습니다. 그곳이 바로 미바튼입니다. 여러모로 독특한 장소인 미바튼에는 수많은 종류의 새들과 그들이 먹고사는 엄청난 수의 곤충들이 있습니다. 호수에 살고 있는 송어들은 우리가 희망한 대로 숫자가 다시 늘어나고 있습니다. 현미경으로만 관찰할 수 있는 미생물의 세계는 너무도 다채롭고 흥미롭습니다. 마리모라 불리는 특별한 공 모양의 조류는 여러분의 가까운 이웃 나라 일본 홋카이도에서도 볼 수 있습니다. 용암지대, 온천지역 그리고 아름다운 산들이 미바튼의 빼어난 자연을 이루고 있습니다. 미바튼 호수의 생태계는 흥미진진하고 다양합

4

니다. 그곳은 우리가 최대한 관심을 가지고 보호해야 할 소중한 진주와 같습니다.

자연에 대한 이해를 높이고 자연과 생태계의 다양한 모습을 독자들에게 전하는 일은 작가인 저에게 가장 중요한 일입니다. 그것은 자연의 경험 속으로 독자를 이끌고 독자와 함께 자연에 대한 사랑과 고마움을 나누는 일입니다. 이 책을 읽으며 여러분 모두가 좋은 여행을 할 수 있기를 소망합니다. 잠시나마 자신을 내려놓고 새들과 곤충의 세계에 빠질 수 있을 것입니다. 어쩌면 한밤중에 떠 있는 태양의 평화를 만끽하며 아이슬란드의 한여름 밤을 산책하는 마음속 여행을 즐길 수도 있겠지요.

여러분들이 원하는 모든 일이 이루어질 소망하며

운누르 외쿨스도티르

차례

가는잎갈퀴꽃

프롤로그

북서쪽 하늘에 낮게 떠 있는 한밤중의 태양 아래 호수는 녹아내린 금처럼 번쩍거렸다. 미바튼, 모기호수*에 처음 오는 여행자는 스쿠투스타디르의 유사 분화구**에 올라가면 장엄한 풍경을 만끽할 수 있다. 태양은 노랑에서 빨강으로, 빨강에서 자줏빛으로, 마침내 이글거리는 금빛으로 변하면서 피라미드처럼 생긴 빈드벨구르 산 뒤로 기운다. 아이슬란드를 찾아오는 여행자는 그 어느 곳과도 비교할 수 없는 풍경을 만날 수 있다. 미바튼은 섬, 곶, 분화구, 용암, 산으로 이루어졌다. 태양이 산자락 뒤로 저무는 그 순간 불가사의한 광채가 호수와 대지, 그리고 그 주변을 비춘다. 북쪽에 있는 둥지를 찾아가는 아비새의 날갯짓과 호숫가에서 노니는 붉은목지느러미발도요의 울음소리가 온 세상에 드리워진 깊은 정적을 깰 뿐이다. 붉게 물든 호수와 그 주변의 자연은 마법의 신비를 드러내고, 여행자에게 이곳이 자연의 기적으로 가득 찬 곳임을 일깨워준다. 눈에 보이기도, 또 그렇지 않기도 하며, 이해와 불가사의가 교차하고, 드

---

* Mývatn의 Mý는 모기를, vatn은 호수를 의미한다.
** pseudo crater. 용암의 분출이 아니라 뜨거운 수증기의 분출로 만들어진 분화구.

러나 있으면서 숨겨진 곳이 바로 이곳이다.

이것이 바로 내가 처음으로 미바튼을 찾았을 때의 인상이었다. 나는 다음 날 여정이 있음에도 불구하고 대부분의 여행자들이 그러하듯 미바튼의 유혹에 빠져 호숫가에 숙소를 잡았다. 그리고 호수와 병풍처럼 늘어선 산등성이들은 내 기억 속에 마법에 걸린 한밤중의 몽상처럼 나타났다. 오랜 시간이 흐른 뒤 운명의 장난처럼 내가 호숫가에 있는 자연연구소에 살면서 일을 하게 될 줄 누가 알았으랴?

미바튼 자연연구소는 스쿠투스타디르에 있다. 그곳은 미바튼 호수의 남쪽에 있으며 전에는 사제관이었다. 그러한 연유로 미바튼 사람들은 이곳을 아직도 "옛 사제관"이라고 부르는데 마을 사람들은 보통 라미 아니면 스테이션이라고 부른다. 매우 커다란 이 건물은 예사롭지 않은 푸른색 지붕과 두꺼운 벽, 유리 창문 때문에 사람들의 눈길을 끈다. 이 건물은 브야프얄과 젤란다프얄 산을 등지고 서 있어 저녁노을, 달빛과 별빛이 비칠 때면 동화처럼 아름답고 순간순간 샤갈의 그림 속 바이올린 연주자가 하늘을 날아다니는 듯하다. 그러나 여기서는 모든 것이 호수와 그 안에 살고 있는 생명체를 중심으로 돌아간다.

바튼. 아이슬란드어로 가장 이상한 현상을 표현하는 단어가 오직 하나밖에 없다는 것은 주목할 만한 일이다. 바튼은 흐르는 물 내지는 고인 물을 의미한다. 아이슬란드에서 물은 다양한 형태와 관계를 이루며 넘쳐흐른다. 이 섬은 북극권의 북대서양 저기압이 지나는 통로에 놓여 있다. 이곳에는 맑은 지하수, 빗물, 계곡물, 눈, 얼음, 빙하, 온천수가 있으며, 바닷물이 섬을 둘러싸고 있다는 사실도 빼놓을 수 없다. 물의 힘이 섬 풍경과 현상을 만들어놓은 가장 큰 몫이었다. 아이슬란드는 화산의 폭발로 만들어진 신생대지역이기 때문에 거의 모든 곳이 용암으로 덮여 있고 용암지대 위로 내린 빗물은 지층 속으로 스며들거나 지표면의 물로 고였다. 이 지역에는 용암 밑에서 솟아오르는 샘물 말고는 지표면의 물이 많지 않다. 그러나 용암이 오래되어 단단해진 지역에는 지표면의 물이 많다. 대부분의 물은 거의 증발하지 않고 강으로 흐르거나 지하수와 함께 바다로 간다. 때로 물은 용암의 저지대나 분지에 고이며 이로 인해 못과 호수가 생겼다. 이곳의 담수는 매우 독특한 현상이다. 그것은 보석과 같은 느낌을 준다. 반짝거리며 빛나는 수면 위로 주변의 모습과 하늘이 비칠 때면 창조자의 눈처럼 보이기도 한다. 호수는 헤아릴 수 없이 많은 매력을 지니고 있다. 그것은 호수가 생명체에게 없어서는 안 되는 것이기 때문이기도 하다. 물은 모든 존재에게 필요하고 또한 생명의 근원이다. 인체도 물로 이루어져 있고 인간이 살기 위해서는 물이 필수 불가결하다. 모든 담수는 그마다 고유한 환경시스템을 가지고 있다. 호수를 채우는 물은 어디에서 오고, 또 그 물은 어디로 흘러가는가? 호수와 호수 주변에는 생물체가 살고 있는가? 호수는 환경오염과 외부의 조건에 얼마나 쉽게 영향을 받는가? 호수는 지구의 커다란 위협인 온난화로 인하여 어떠한 위험에 처할 것인가? 우리는 미바튼에 대해 많은 것을 알고 있지만 그것만으로는 충분하지 않다. 이것은 또한 이 지구상에 있는 다른 많은 자연의 보물에도 해당한다.

미바튼 자연연구소는 1974년 설립되었고 100년 동안 호수에 살고 있는 새와 물고기 개체에 대한 데이터를 완성하려는 야심찬 목표를 추구하고 있다. 100년, 한 세기 동안! 이 목표를 달성하기 위해 라미의 연구원들은 정기적으로 새의 개체수와 임의추출시험을 수행한다. 연구소의 데이터 수집은 1975년으로 거슬러 올라가며 이것은 담수호의 생태계에 관한, 세계적으로 가장 길고 치밀한 프로젝트에 속한다. 라미는 아이슬란드뿐 아니라 이곳의 생태계에 관심이 있는 해외 학자들에게도 연구공간을 마련해주고 데이터뱅크 접근을 허용하며 여러 가지 방법으로 지원하고 있다. 생태연구자가 이렇게 아름다운 자연 속에서 새를 관찰하고 물에서 떼를 지어 사는 새들의 습성을 연구하고, 자연의 다른 존재들과의 관계, 원인과 결과를 배운다는 것은 하나의 특권인 셈이다. 그리고 여기에서 진화론을 제대로 이해할 수 있게 된다. 여러 나라에서 온 다양한 전문가들은 저녁이면 연구소의 식탁에 모여 활기찬 대화를 나눈다. 이 만남은 창의성을 키워주고 상상력을 촉진한다. 사람들은 새들의 습성, 곤충의 삶, 담수어의 생태, 그리고 학술적 연구논문에만 나타나 있는 미바튼 지역의 생태계에 관한 많은 것을 체험한다. 미바튼의 주민들과 함께 자연과 옛날을 이야기하고 현재까지 이어지고 있는 전통인 고기 잡는 법에 대해 이야기할 뿐만 아니라 학술적 연구라는 것이 가끔은 전 생애를 호숫가에서 보낸 사려 깊은 어부와 농부의 생각과 일치한다는 점도 배운다.

한 남자가 — 어쩌면 더 많은 사람들이 — 그 누구보다도 전에 없이 솔직하고 기쁘게 이 호수, 그리고 미바튼 지역의 비밀과 기적 속으로 나를 이끌어주었다. 생물학자이면서 여러 해 전부터 작은 연구소를 이끌어오고 있는 아르니 에인아르손*은 미바튼의 연구와 보존을 위해 자신의 삶을 헌신한 사람이다. 그가 없었다면 이 책은 나오지 못했을 것이다. 나에게는 그 역시 미바튼의 기적 가운데 하나이다.

나와 함께 자연을 관찰하고 싶은 독자를 이 책에 초대하고 싶다. 그렇게 함으로써 미바튼 호수와 락사우 강, 자연자원의 이용, 인간과 자연의 협력에 대해 내가 듣고 배운 것을 함께하고 싶다. 북방흰뺨오리의 생애를 따라가며 보는 것, 갓 부화한 작은 새끼오리가 어떻게 당당한 어미오리가 되는지, 그 오리에게 모기는 어떤 존재이며, 왜 그들은 그런 행동을 보이는지 연구하는 것. 웅덩이에 사는 작은 물고기, 그것의 개체군은 다양하게 발달된 것이 맞는지, 송어들은 호수에서 어떻게 살고 있는지? 지금은 사라지고 없지만 '구슬똥'이란 이상한 이름의 둥근 녹조류는 무엇인지? 이 모든 새들을 어

---

* 저자의 남편이며 이 책의 삽화가이기도 하다.

떻게 셀 수 있는지? 물방울 속에 우리 눈으로는 볼 수 없는 아주 작은 세계가 존재하는지? 산은 어떻게 생겨났는지? 그렇다면 호수는? 이제 독자 여러분은 나와 함께 미바튼의 기적을 알게 될 것이다.

벌레잡이제비꽃

산맥

세상의 이 모든 것을 만들기 위해 얼마나 엄청나고 어마어마한 에너지가 필요했을까? 나는 언덕 위에 앉아 거울처럼 맑은 호수와 호수 위에 평화롭게 노닐고 있는 수많은 오리들을 바라보고 있다. 그러자 산맥에 대한 궁금증이 일어나기 시작했다. 블라프얄, 부르펠 그리고 개사프윌, 옅은 푸른색에 날카로운 원추 모양의 흘리다르프얄과 벨그야르프얄, 둥근 돔 모양의 셀란다프얄. 길게 이어진 산등성이는 이 산들과 연결되고 산의 전면에는 풀로 덮인 수많은 분화구가 있으며, 분화구에는 암벽으로 이루어진 깊고 검은 절벽의 호수가 있다. 파란 호수와 산 사이에서 분화구의 녹색은 더욱 산뜻해 보인다.

옛날의 미바튼

이 모든 것은 어떻게 생겨났을까? 낡은 '가구'를 분해하면 새로운 것이 탄생한다는 말을 나는 잘 알고 있다. 그것도 예전 것보다 더 멋있고 뛰어난 것으로 말이다. 약 2,000년 전으로 되돌아가보자. 그때만 해도 인류는 지구상의 모든 곳에 살고 있지 않았다. 하지만 서구 문명의 탄생지인 그리스에서 사람들은 지금까지도 남아 있는 거대한 건축물을 지었고 오늘날에도 쓸모 있는 철학을 발전시켰다. 피타고라스, 플라톤, 아리스토텔레스는 그들의 지식을 끊임없이 세상에 내놓았다. 별을 관찰하기 위해 하늘을 보고 걷다가 웅덩이에 빠지기도 한 밀레토스의 자연철학자 탈레스(기원전 약 625~545)는 "모든 것은 물이다"라고 주장했다. 이로부터 물이 만물의 근원이라는 이론이 생겨났다. 사람들이 살지 않던 아이슬란드 근처, 북유럽 지역에서 청동기시대가 끝난 후 철기시대로 접어들면서 사람들은 배를 만들고 동전을 사용했다. 고고학적인 유물은 이들이 서유럽의 문화와 교류했음을 증명한다.

그러나 그 섬의 철새 말고는 그 누구도 나중에 아이슬란드라는 이름을 갖게 될 줄 몰랐을 것이다. 그리고 사람들이 살기까지 천 년이 더 걸릴 것이란 사실도. 지구역사의 시간표준으로 보면 그리 오래 걸린 것은 아니지만 인류역사적으로 생각해본다면 적잖은 시간이 흘러간 것이다.

약 2,000년 전 지금의 미바튼 자리에는 다른 호수가 있었다. 퇴적층이 보여주듯이 미바튼은 비옥한 호수였으며 지금보다 훨씬 깊었다. 거대한 산맥을 이루고 있는 산들은 호수를 둘러싼 울타리처럼 서 있었다. 옛날의 미바튼은 벨그카르프펠 주변의 반원 형태였고 지금은 흰바다매의 하얀 새똥으로 더러워진 산의 남쪽과 동쪽 바위절벽으로 물이 흘렀던 것으로 보인다. 미바튼은 북쪽으로 타이가와 오늘날의 미바튼을 서로 잇는 이트리-플로이와 시드리-플로리 만灣의 해협까지 이른다. 그러나 거기에서 미바튼은 끝난다. 거기까지 풀이 덮인 용암지대가 있고 담수호는 없기 때문이다. 옛날의 호수는 동쪽으로는 지금의 용암지역인 딤무르보르기르까지 이르렀다. 그리고 미바튼 호수는 수십 년 전, 또는 수백 년 전 거대한 화산 폭발에 의해 생긴 흐베르프얄 산까지 이르렀다는 것도 생각해볼 수 있다.

새로운 미바튼을 만든 화산 폭발

오늘날 쓰렝스라보르기르와 루덴타보르기르라고 불리는 지역에 화산이 폭발하여 상상하기조차 어려울 만큼 깊은 옛날의 미바튼 호수를 중심으로 역사 이전의 고요함과 평화가 지배하고 있었다고 상상해보라. 그리고 같은 시기에 그래나바튼* 남쪽 멀리 떨어진 다른 분출화산에서 폭발이 있었다. 이 폭발은 1783년에 있었던 스카프타우렐다르의 대폭발까지 영향을 미쳤고 2014~15년의 홀루흐라운 용암지역의 거대한 용암을 분출했던 화산 폭발과 비슷했다. 용암은 옛날의 미바튼 지역을 덮쳤고 미바튼의 모습을 바꿔놓으면서 좁은 분지로 흘러들며 서쪽으로 확산되었다. 첫 번째 용암분출이 일어난 다음에 용암은 일종의 용암터널과 같은 도랑을 따라 호수로 쏟아져 내렸다. 호수 바닥

알프스 베로니카

* 미바튼 남쪽에 있는 작은 호수.

의 퇴적층 안에 있던 물이 펄펄 끓는 용암과 닿자 강력한 수증기 폭발이 일어났고, 이것은 빙하 밑에서의 폭발과 비슷했다. 이 폭발이 일어나면서 마그마가 끓어올라 마치 땅속에서 화산이 폭발하듯 공중 높이 솟아올랐다. 이러한 폭발을 유사폭발, 또는 흐르는 용암 속에서 일어나 부분폭발이라고 한다. 마그마는 용암 아래 통로를 따라 계속 이동했고 폭발은 여러 시간 동안, 때로는 같은 장소에서 하루 종일 일어났다. 펄펄 끓는 마그마는 계속 고랑을 따라 호수에 흘러들면서 물과 만나게 되었고 계속되는 폭발에 의해 유사 분화구가 생겨났으며 이것이 미바튼을 특징짓는 오름이 되었다.

이 장엄한 광경을 상상해보면 그 어떤 불꽃놀이보다 웅장했고 자연이 모든 힘을 다 바쳐 새로운 지역을 창조한 연극무대였다. 나는 수증기가 올라오는 부글부글 끓는 물 속에서 그 어떤 것도 거침없이 모든 것을 휩쓸고 지나간 뜨거운 용암을 눈앞에 그려본다. 지금 내 귀에는 진한 유황 냄새를 내며 칙칙 타들어가는 소리, 부글부글 끓는 소리가 들리는 듯하다. 그것은 스스로를 종말에 몰아넣은 묵시록적인 상황이자 새로운 시작이었다. 그것은 하나의 호수를 파괴시켰고 다시 새로운 호수를 만들었다. 끓는 지옥 안에서는 더 많은 일이 벌어졌다. 그러나 1,000년이 지나 이곳의 풍경은 새롭게 탄생하였고 오늘날 보듯이 아름다운 모습으로 변했다. 이끼로 뒤덮이고, 풀이 자라나고 꽃이 핀……

유사 분화구

유사 분화구는 미바튼의 새로운 명물이다. 다른 지역과 뚜렷이 구분되고 풀들이 자란 분화구들은 호수를 감싸고 있으면서 그 어디에서도 볼 수 없는 독특한 매력을 느끼게 하고 신기하다. 호수를 장식하고 있는 섬들도 사실 알고 보면 유사 분화구이다.

유사 분화구는 세계적으로도 드물다. 우리가 알고 있는 것은 하와이의 용암이 바다로 흘러든 것 정도이다. 수증기 폭발로 인하여 용암이 분출되면서 그것이 일종의 용암덩어리 지층을 형성하였고 그 위로 계속 용암이 흘러내렸다. 바닷물이 뜨거운 용암 밑으로 흘러들면서 이로 인해 거대한 폭발이 일어난 것이다. 이렇게 생겨난 분화구는 곧바로 파도에 의해 침식되었다.

유사 분화구는 지구상에 아주 드문 현상이라 할 수 있다. 그러나 화성에서는 많은 유사 분화구를 볼 수 있다. 화성의 거대한 표면은 이러한 분화구로 뒤덮여 있으며 학자들은 화성의 용암이 얼음 위로 흘러내린 것으로 추정하고 있다. 2013년 여름 해외의 전문가들

유사 분화구

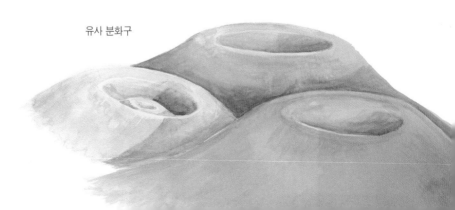

이 아이슬란드의 '화성 분화구'를 연구하기 위해 미바튼으로 왔다. 그들은 특히 큰 분화구 안에 작은 분화구가 있는 이중분화구에 관심을 보였다. 화성을 촬영한 사진에서 그와 같은 분화구를 많이 보았기 때문이었다.

아이슬란드에는 이곳 말고도 다른 곳에 유사 분화구가 많이 있다. 그러나 미바튼처럼 아름다운 분화구는 그 어디에서도 찾아볼 수 없다. 사람들은 미바튼의 분화구가 지구상에서 가장 아름답다고 말할 정도이다. 미바튼이 아름다운 이유는 오랜 시간에 길쳐 폭발이 이루어졌으며 그 폭발력이 거대하고 아름다운 분화구를 만들 정도로 엄청났기 때문이다. 미바튼에 사는 사람들은 분화구로 만들어진 산을 분화구라 하지 않고 오름, 또는 바위로 만들어진 높은 의자, 정상, 큰 솥 안의 구멍이라고 말한다.

지질학자들은 처음에 유사 분화구를 '진짜' 분화구로 생각했고 흔히 말하는 지엽적인 폭발에 의해 생긴 것이라고 믿었다. 다시 말하면 융해된 마그마가 이 지역의 지표면 아래 있었고 그것이 알 수 없는 방식으로 솟구쳐 올랐다는 것이었다. 유명한 지질학자 지구르두르 포라닌손*이 이곳에 무슨 일이 일어났는지 알아낸 후 이 현상에 유사 분화구란 이름을 붙였다.

쓰렝슬라보르기르**의 폭발이 얼마나 오랫동안 지속되었는지는

---

* 1912~1983. 아이슬란드의 지질학자이며 빙하전문가.

** 미바튼 남동쪽 지역.

아직도 확실하지 않다. 다만 그로 인한 결과가 묵시록적이었다고만 추측할 뿐이다. 수증기가 피어오르는 새까만 용암, 기괴한 형상으로 굳어진 슬래그가 보인다. 미바튼의 모든 생명체는 죽었고 새들마저도 이곳을 떠났다. 땅과 물의 모든 것이 새로운 생명을 얻고 강과 개천, 호수에 보잘것없는 생명체가 살게 되며 이끼와 잡초가 용암지대에 퍼지기까지는 오랜 시간이 걸리지 않았다. 영양분이 충분한 물에서 살던 모기떼는 물가에 알을 낳았고 그것은 풀의 성장을 촉진했다. 재빠른 송어와 요란스러운 오리들은 이곳의 자연환경을 만드는 데 많은 역할을 했다.

호수를 둘러싼 산들

미바튼 둘레의 산들은 어마어마한 화산 폭발을 지켜본 유일한 관객이다. 호수의 한쪽으로 가면 그 산의 파노라마를 볼 수 있다. 구름 한 점 없는 화창한 여름날에는 사방을 둘러보아도 산뿐이다. 그리고 그 산들은 저마다의 특성과 각기 다른 모습을 지니고 있다. 우리는 마치 살아있는 지리학 책 속에 있는 듯한 느낌을 받는다.

미바튼 사람들은 그 산을 사랑한다. 저마다 좋아하는 산이 있다. 미바튼 사람들은 고향에 대해 무슨 말을 할지 잘 생각이 나지 않으면 항상 산 이야기로 시작하는 게 보통이다. 산의 색깔이 하늘, 별의 움직임에 따라 어떻게 다양하게 변하는지를 말한다. 또 어떻게 하면 산을 가장 쉽게 오를 수 있는지, 어떤 때 그 산이 가장 아름답게 보이는지, 산은 위치에 따라 어떻게 달리 보이는지, 그 산들 가운데 정말로 특별한 미바튼의 산은 어떤 산인지 이야기한다.

거의 모든 산과 오름이 화산 폭발에 의해 생겨났다는 것이 화산지역의 특징이다. 화산지역을 벗어나면 산들은 빙하기에 만들어진, 커다란 케이크를 잘라놓은 것 같은 모양의 용암 퇴적층이다. 미바튼의 모든 산은 특별하고 연쇄적인 화산 폭발의 기념비적인 유산이다. 용암층에서 솟아오른 산들은 화산이 폭발할 때 빙하 밑에서 형성된 것이다. 이 산들은 확연히 눈에 띈다. 빙하기가 끝나고 폭발이 있었던 곳에 대부분 작은 분화구가 생겨났다. 그 분화구는 상당히 높았는데 용암이 쉽게 위에서 흘러내렸기 때문이었다.

남동쪽 지역에 비교적 새롭게 만들어진 산인 블라우프얄을 예로 들어 살펴보자. 이것은 일종의 투야*이며 얼음의 하부가 녹으면서 위로 통로가 생길 때까지 오랫동안 일어난 폭발에 의해 생성된 것이다. 이런 산들이 모여 하나의 파노라마를 이루고 있다. 남쪽에 있는 젤란다프얄도 그렇다. 이 산은 모르긴 해도 블라우프얄보다 오래되었다. 여기에서 얼마 후 빙하가 움직였고 날카로운 모서리를 만들어냈다. 이 산은 산세가 매우 아름답기로 유명하다. 이 때문에 아름다운 산 평가대회에서 매해 상을 받았다. 앞에서 말한 두 산의 동쪽에 있는 부르펠 역시 투야이다. 이 산도 매우 아름답고 그 뒤로

---

* Tuya. 산꼭대기가 테이블처럼 평평하게 이루어진 화산.

개자프윌과 크라플라가 있다. 이 산들은 경사가 매우 가파르고 그 모양이 영락없이 커다란 빵 덩어리처럼 생겼다.

이 지역을 특징지을 수 있는 또 다른 산은 원추형의 빈드벨그야르프얄 산이다. 서쪽에 있는 피라미드 모양의 이 산을 빈드벨구르 사람들은 벨그야르프얄이라고 부른다. 이 산의 북쪽 산비탈은 둥근 막대기 모양으로 불쑥 튀어나왔고 사람들은 이것을 부스키*라고 부른다. 동쪽 산비탈에는 스쿠타엘리르, 스쿠타스 동굴이 있고 스쿠타스크리다, 스쿠다스 절벽이 있다. 거기에서 중세 전설 속의 영웅 비가悲歌 스쿠타가 적을 물리친 이야기가 전해 내려온다. 그러나 이 내용은 전설에서 직접 언급되지 않고 있다. 나는 한동안 벨그야르프얄 산장에서 지내며 이 산의 고유한 광채가 있음을 알게 되었다. 이 산은 사람들로 하여금 오르고 싶은 욕구를 갖게 해준다. 산의 정상에 오르면 호수와 전체 주변으로 환상적인 광경이 펼쳐진다. 벨그야르프얄은 팔라고나이트암**으로 이루어진 원추형이다. 이 산이 만들어질 때 주로 한 곳에서 폭발이 이루어졌으나 빙하를 녹이기엔 충분하지 않았다. 때문에 이 산은 방패 모양인 둥근 반원의 형태가 아닌 원추형이 된 것이다.

북쪽에 있는 흘리다르프얄도 똑같은 방식으로 생성된 산이다.

---

* Buski. 비대흡충肥大吸蟲(기생충의 일종)이라는 뜻.

** 응회암질 암석의 일종. 최초 발견지인 시칠리아 섬 팔라고니아의 이름을 따서 명명하였다.

다만 이 산은 응회암이 아니라 유문암*으로 이루어졌다. 약 2,500년 전에 만들어진 햇병아리 산이라 할 수 있는 응회암**의 링처럼 생긴 흐베르프얄도 빼놓을 수 없는 광경이다. 이 산은 빙하기가 끝난 지 오랜 후 쓰렝슬라보르기르의 폭발 직전에 생겨났다. 흐베르프얄은 마치 현대의 조형물 같아 보이며 우아하고 독보적인 모습이다. 그 산의 어마어마한 분화구는 깊이가 산의 높이와 같다. 날씨가 맑으면 흐베르프얄 뒤쪽에 이와 비슷한 분화구를 볼 수 있는데 이것이 루덴타르스카 올이다.

다른 산들은 산 표면의 대부분이 팔라고나이트암으로 이루졌으며 쓰렝슬라보르기르와 비슷한 화산 폭발로 생겨났다. 그러나 빙하 밑에 여전히 화산성분이 쌓여 있다. 남쪽으로 시선을 돌리면 아스카야 화산이 있는 거대한 산 딩유프윌이 멀리 보인다. 딩유프윌에는 중심화산이 있으며 사람들은 이곳을 항상 분출하면서 화산물질을 퇴적시키는 거대한 화산이라고 부른다. 하늘이 맑은 날에는 남쪽 멀리에 있는 트뢸라딩야와 바우다르붕가도 볼 수 있다.

그러나 가장 장엄한 산은 사람들이 볼 수 없는 산이다. 호수의 북서쪽 크라플라 지역에는 거대한 중심화산이 있다. 그곳에는 스내펠스외쿨보다 조금 낮긴 하지만 거대한 산이 있었는데 화산지역의 지각이 얇고 너무 커서 높은 산을 지탱할 수 없었다. 2,000년 전에

---

* 화성암 중 규장질 성분을 지닌 화산분출암.
** 화산재가 굳어서 만들어진 퇴적암.

대폭발이 일어났고 이 폭발로 인하여 북대서양에 있는 모든 육지에 화산재지층이 만들어졌다. 그 폭발은 땅에 어마어마한 구멍을 뚫어놓으면서 칼데라*를 만들었고, 이곳은 세월이 흘러 화산성분으로 채워졌다. 그 산은 이제 없어졌다. 지금은 칼데라 가장자리까지 용암으로 채워졌기 때문에 칼데라도 사라졌다.

선사시대 이후의 화산 폭발

역사시대가 시작된 후로 이 지역에는 두 번의 폭발 또는 연속적인 폭발이 있었다. 그 하나가 1724년부터 1729년 사이의 미바튼 폭발이고 다른 하나는 1975년부터 1984년 사이에 일어난 크라플라 폭발이다. 미바튼 폭발이 일어났을 때 레이캬흘리드 지역 사람들은 대피해야만 했고 용암이 두 마을을 덮쳤다. 연속적인 폭발은 지구 역사상 드문 일이었고 강력한 폭발을 동반했다. 그리고 이 폭발은 용암이 모두 미바튼 호수로 흘러들어갈 때까지 여러 해 동안 계속 일어났다. 여기에 문제가 된 것이 승상용암**이다. 승상용암은 레이캬흘리드와 그림스타디르 사이에서 쉽게 볼 수 있고 이것이 미바튼의 북쪽 호수 주변을 형성했다. 전설적인 화산 폭발이 일어났을 때 용암이 레이캬흘리드에 있는 교회 주변까지 흘러들었는데 이상하

* 화산 중앙부의 크게 함몰된 곳.
** 현무암 용암의 한 종류로 점성이 낮고 유동성이 높아 넓은 지역을 매끄럽게 덮는다.

게도 교회 건물은 전혀 재해를 입지 않았다. 하지만 사람들은 그다음 번의 폭발에 대비하여 교회를 허물어 목재를 안전한 곳에 옮겼다. 그러나 용암은 여전히 그곳까지 미치지 않았고 폭발이 다 끝난 후 그 자리에 교회를 새로 지었다. 레이캬흘리드의 주임목사였던 욘 새문드손은 이 사건을 기록으로 남겼지만 250년 뒤에 크라플라 폭발이 일어날 때까지 그 누구도 이 기록을 제대로 이해하지 못했다. 목사가 남긴 글을 읽어보면 미바튼 화산 폭발에 대해 얼마나 상세하게 기록해놓았는지 알 수 있다.

두 번의 연쇄폭발 말고도 1746년 레이르흔유쿠르에서 작은 폭발이 있었다. 그리고 1875년 동쪽의 고지대에서 폭발이 일어났는데, 이때 생겨난 용암지대가 니야흐라운이다. 이것을 마지막으로 미바튼 지역에 더 이상의 화산 폭발은 일어나지 않았다. 사람들이 이주해서 사는 시기에 호수 동쪽에서 화산 하나가 폭발했지만 그 폭발이 쓰렝슬라보르기르의 경우처럼 화산 자체에만 영향을 주었는지 아니면 그곳에 새로 이주한 사람들을 공포와 경악 속으로 밀어 넣었는지는 정확히 알 수 없다. 그때 쏟아져 내린 용암은 거의 흐베르프얄 주변으로 흘러들었다. 밝은 여름밤의 고요함 속에서 가벼운 전율이 내 몸에 흘렀고 언제쯤 다시 폭발이 일어날까 하는 생각이 떠올랐다. 정확히 말할 수는 없지만 폭발의 역사를 곰곰이 살펴보면 연쇄폭발은 상당히 긴 기간을 사이에 두고 일어났었다. 지각은 오랜 세월을 팽창하다가 갑자기 균열을 일으킨다. 이렇게 되면 그 어딘가에 반드시 폭발이 일어난다. 지금 지각의 인장응력引張應力*은 크라플라 폭발에 의해 생긴 것이며, 이 때문에 이 지역의 자연환경이 앞으로 언젠가 장엄한 불꽃놀이를 펼칠 일은 거의 불가능하다. 나는 여유를 가지고 석양에 반짝거리는 고요한 호수와 아름다운 풍경을 바라보고 있다. 누가 이 자연의 아름다움을 가장 먼저 체험했을까? 분명히 새였을 것이다. 제일 처음 이 호수 위를 유유히 날면서 새롭게 탄생한 장관을 구경한 생명체는…….

주걱노루발

---

* 물체 내 임의의 면에서 양쪽 부분에 수직으로 끌어당기는 힘이 작용할 때, 그 반작용으로 물체 내에 생기는 분포 내력.

새의 개체수

새는 무엇보다도 날아다니는 존재이기 때문이다. 하늘은 새의 일부이거나, 좀 더 정확히 말하면 하늘과 새는 하나이다. 땅을 밟지 않고 항상 앞으로 날아 먼 여행을 떠나는, 그것이 바로 새이다. 그리고 그 따뜻함. 새는 인간보다 따뜻하고 심장의 고동은 인간보다 힘차다. 또한 새의 지저귐에서 알 수 있듯이 새는 인간보다 더 행복하다. 새의 지저귐보다 더 행복한 소리는 없다. 지저귀지 않는 새는 새가 아니다.

할도르 락스네스,* 원자 연구소

하늘을 나는 새처럼 날개를 갖고 싶지 않은 사람이 누가 있으랴! 행복한 이 피조물은 자기 스스로 만족하고 자기 힘으로 허공을 날아다닌다. 새는 자유의 상징이다. 아이슬란드 사람들에게 새란 사랑스럽고 소중한 존재이다. 봄이 되면 새가 돌아오고 허공을 기쁨과 노래로 가득 채운다. 어떤 새들은 가을이 되면 다시 떠나가지만 또 다른 새들은 혹독한 추위와 눈보라 속에서 겨울을 지낸다. 우리는 새에 대해 경탄을 금치 못하면서 부러워하기도 한다.

우리는 날갯짓을 하며 허공을 날 순 없지만 새들을 자세히 관찰하고 그들의 생태를 알아볼 수는 있다. 새를 관찰하기 위해서는 눈과 귀만 있으면 그만이다. 이것은 전혀 어려운 일이 아니다. 신선한 공기가 흐르는 밖으로 나가 적당한 언덕, 숲속, 호수 아니면 비탈을 찾아 새를 기다리기만 하면 된다. 그리고 때로는 집 밖으로 나갈 필

---

* 1902~1998. 아이슬란드 소설가이며 1955년 노벨문학상을 수상하였다.

요도 없다. 집 안에서 창문을 통해 새를 관찰할 수도 있다. 가끔은 먹이로 새를 보호 장치 속으로 유인하기도 한다. 많은 사람들은 새 소리를 흉내 내고 속임수를 써서 새들을 유혹한다.

많은 새 관찰자들은 이 일을 체계적으로 진행하고 목적에 맞게 새를 관찰하며 기록하고 새의 종류를 '수집'한다. 그들은 고급 망원경과 단망경, 전문서적과 기록노트를 갖추고 꼭두새벽에 일어나 새를 관찰하러 집을 나선다. 어떤 사람은 웹사이트를 운영하면서 철새의 이동에 관한 소식을 알려주기도 한다. 그러나 더 중요한 것은 철새의 도래지를 잘못 찾은 새나 희귀종의 새를 발견했을 때이다. 인터넷이 상용화되기 전에는 또 다른 방법으로 이상한 철새 방문에 대한 신기한 소식이 세계 아마추어 조류학자들 사이에 신속하게 퍼졌다. 전화벨이 끊임없이 울리면서 소식이 빠르게 전달되었고 사무실에 있는 사람들을 들판으로 불러냈다. 원앙새, 고니, 흰눈썹뜸부기를 보기 위해 계획도 없이 모든 것을 내려놓고 다들 밖으로 나갔다.

한번은 아마추어 조류학자들의 모임과 가깝게 지낼 수 있는 기회가 있었다. 어느 가을날 우리 집 근처 작은 연못에 붉은왜가리가 나타났다. 가을이면 그곳에서 왜가리를 볼 수 있었는데 나는 왜가리를 보는 것만으로도 특별하고 흥미로웠다. 그런데 새에 대해 박식한 한 아마추어 조류학자가 왜가리의 사촌인 붉은머리왜가리는 아이슬란드에서 매우 희귀하다고 알려주었다. 붉은왜가리가 길고

가는 다리로 서서 먹이를 잡기 위해 물속을 주시하는 모습이 정말 놀라웠다. 수면을 박차고 하늘 높이 날아오르는 모습. 커다란 풍선처럼 바람을 타고 몸집만 한 날개를 퍼덕이며 아무런 도움도 없이 오랫동안 나는 모습. 날갯짓을 할 때마다 긴 목을 앞뒤로 움직이고 가지런히 모은 두 발을 아래로 늘어뜨린 채 흔들거리는 모습. 그것은 새가 날기 위해 쉬지 않고 움직이는 의지에서 나오는 것이었다. 나는 집 앞에서 이러한 이국적이고 특별한 광경을 혼자 볼 수 있다는 것을 큰 행복으로 느꼈다. 그러나 조류 파파라치가 나타나기까지는 오랜 시간이 걸리지 않았다. 그 남자들(실제로 그들 중에는 여자가 한 명도 없었다)은 망원렌즈 카메라와 망원경을 가지고 있었다. 아마추어 조류학자들은 저녁때 조류도감에 새로운 표시를 할 수 있었다. 그것은 정말 기분 좋은 일임에 틀림없었을 것이다. 그러나 그런 관심이 마음에 들지 않았을 붉은왜가리는 인간 속세의 일로부터 멀리 떠나버렸다. 붉은왜가리는 아이슬란드에 내려앉지 않았고 이 서식지에 관심을 끊었으며 새로운 둥지를 찾아 먼 곳으로 가버렸다.

우리는 아마추어 조류학자에게 커다란 존경을 표해야만 한다. 그들 가운데 많은 사람들은 새의 개체수를 세고 표시하는 일을 조직하고 실행한다. 모든 새 관찰자는 자기의 취미에 대하여 그에 심취하는 그럴만한 이유를 갖고 있다. 때로는 지나치게 광적이기도 하지만 그것은 경이로움, 아니면 애정 때문이다. 또 다른 이유는 사람들이 자연에서 시간을 보내며 일상의 스트레스를 잊어버리는 것에 대한 감사와 미안함 때문일 수도 있다. 그러나 새들의 생태에 관한 진정한 호기심이 새를 관찰하고 연구하는 진짜 이유가 되어야 한다. 그게 아니라면 그저 아름다움을 즐기기 위한 관능적인 것뿐이다.

새를 세는 일

취미란 단순하면서도 전문적인 일이기도 하다. 새를 탐구하고 새의 습성에 해박한 사람을 우리는 조류학자라고 부른다. 미바튼 자연연구소에서 일하는 철새 같은 조류학자들은 쉴 곳을 찾거나, 또는 우리가 낭만적으로 생각하듯 세상의 이곳저곳을 떠돌아다니기 좋아하여 이곳에 온 게 아니다. 봄이면 철새가 아이슬란드로 날아오는데 바로 이곳에 자신과 새끼들이 먹을 것이 풍부하기 때문이다. 미바튼 호수는 화창한 여름 동안 긴 여행에 지친 새들에게 다양한 먹이를 제공한다.

해마다 봄이 되면 새의 개체수를 파악한다. 새와 그들의 생태환경을 관찰하고 조사하기에 봄보다 좋은 시기는 없다. 올봄에 나는 새를 세는 일의 보조역할을 맡았다. 클립보드와 연필을 들고 목에 망원경을 매고 삼각대를 겨드랑이 밑에 낀 조류학자 뒤를 쫓아다녔다. 우리는 양들이 다니는 길 위를 걸으며 축축한 이끼지대를 지나

고, 풀로 뒤덮인 언덕을 기어올라 용암지대의 구멍과 틈 사이를 건
너뛰며 조심스럽게 앞으로 갔다. 나는 새를 세는 일 덕분에 지금까
지 한 번도 가보지 못했을 뿐만 아니라 이 일이 아니었다면 가볼 수
조차 없었던 많은 곳을 찾아다녔다. 섬과 호숫가의 언덕 그리고 산
으로 이루어진 미바튼은 나에게 항상 새로운 것을 가르쳐주었고
끊임없이 새로운 관점에서 풍부한 상상력을 가져다주었다. 미바튼
의 풍경은 바라보는 사람이 어디 있느냐에 따라 그 모습이 끊임없
이 변한다.

100년의 목표

이 세상에서 새의 수를 센다는 것이 어떻게 가능할까? 새를 세는
일에 관한 대화를 나누다 보면 자주 듣는 질문이다. 사람들이 같은
새를 두 번 세는 것은 아닐까? 새들은 헤엄치고, 잠수하고, 이리저
리 날아다니지 않는가! 더군다나 미바튼에는 어마어마한 새들이
있지 않은가! 새들을 센다는 것이 불가능한 일이 아니란 말인가?

　연구소의 사람들이 새를 세는 일을 시작했을 때 그들은 100년
동안 동일한 방법으로 새의 개체수
를 파악하겠다는 야심찬 목표를
세웠다. 하지만 이 방법을 위한
모범적인 사례가 전혀 없었기

지느러미발도요

백송고리

에 장기간 연구의 많은 어려움이 뒤따랐다. 그러나 장기간 연구로 인하여 총 개체수, 환경이 새들에게 미치는 영향을 기록할 수 있게 되었다. 이 방법을 착안한 이유는 노력과 비용이 적게 들고 신속하게 실행할 수 있으면서 경제적, 정치적인 조건에 얽매이지 않기 때문이었다. 경우에 따라서는 단 한 사람이 이 일을 할 수도 있으며, 지진과 화산 폭발이 일어나거나 전쟁과 같은 재난이 닥칠지라도 가능한 일이었다. 더구나 1975부터 1984년 사이에 실제로 지진이 일어나고 화산이 폭발했다. 그러한 불안정한 상황에도 불구하고 새를 세는 일은 중단되지 않았다. 그 후에 재정파탄과 경제위기가 닥쳤지만 새를 세는 일은 계속되었다.

균일값과 비교값

첫 번째 개체수 파악은 철새들이 날아온 직후인 초봄에 한다. 이 일은 3주 안에 끝나야 하고 가장 좋은 방법은 수컷이 부화를 위하여 둥지를 떠나지 않을 때까지 마쳐야 한다. 늦여름에는 얼마나 많은 어린 새와 성장한 새가 있는지를 파악한다. 이때 새의 개체수 파악은 기본적으로 새의 밀도를 파악하는 것이다. 다시 말하면 새의 분포가 어느 정도인지 알아내는 것이다. 특정한 이 시기에 새들에게 드물게 나타나는 행동이긴 하지만 특정한 새가 한 지역에서 다른 곳으로 날아갔는지는 중요하지 않고 일정한 지역에 있는 새의 개체수를 파악하는 것이 중요하다. 이 숫자로 하여금 얼마나 많은 어린 새가 그 전해보다 자랐는지 비교가 가능하고 겨울철새 도래지의 생태조건을 비교할 수 있다.

초봄의 개체수 파악은 전 지역의 수면과 땅 위에 있는 모든 새를 조사한다. 미바튼의 모든 지역을 조사하는 것이다. 여기에는 미바튼 호수는 물론이고 그 나머지 호수, 못, 산맥, 락사우 강의 발원지부터 합류지점, 이 지역의 모든 습지가 해당한다. 이뿐만 아니라 바우르다르달루르의 스바르타우르바튼 호수와 스바르파다르달루르의 개체수도 파악한다. 이를 통하여 새들의 비교값을 알게 되고 근접지역에 있는 새들의 개체군이 어떻게 변하고 있는지 알 수 있다. 균일값*을 가져야 한다는 사실은 학문적인 방법에 해당하지만 자연을 탐구하는 사람은 종종 연간 비교값에 만족해야만 한다. 미바튼 연구자에게 중요한 것은 미바튼과의 경계지역에서 어떠한 일이 일어나는지, 나타난 편차가 호수와 연관이 있는지, 아니면 그 일이

---

* 等價. equivalence.

다른 지역에서도 나타나는지를 파악하는 것이다. 중요한 것은 수 컷의 수에 달려 있다. 암컷들은 숨어 있는 경우가 많기 때문이다. 암컷은 대부분 일찍부터 둥지에 숨어 호수에 모습을 드러내지 않는다.

새의 개체수 파악은 두 가지 기본적인 목적이 있다. 그 하나는 순수 학문적 목적이다. 개체수를 파악함으로써 새의 개체군을 포함해 미바튼과 락사우에 있는 새의 숫자를 알 수 있다.

또 다른 하나는 자연보호의 관점이다. 인간이 개입한 삶의 공간이 자연과 교감을 이루고 있는지가 중요하다. 그렇기 때문에 새를 세는 일은 일종의 경보장치와 같은 것이다. 미바튼 자연연구소의 임무는 자연을 관찰하여 인간에게 다시 미칠 뜻하지 않은 변화가 있는지를 알아내는 것이다. 물론 학문적, 그리고 자연보호적인 두 개의 관점은 서로 공통점을 지닌다. 미바튼 생태계의 보호는 현존하는 것을 기록할 뿐 아니라 이 삶의 공간이 형성된 이유, 또 그 상태는 어떠한가를 알아야만 하는 것이다.

사람이 필요한 것

우리는 서리가 내린 섬 북쪽으로 나갔다. 때는 5월 중순이었고 아침엔 쌀쌀했으나 태양은 구름 한 점 없는 하늘에 밝게 빛나고 있었다. 우리는 망원경, 쌍안경, 개체수 기록노트, 클립보드, 지우개가 달린 연필(예비용 연필은 매우 중요한 것이다!), 안경, 선글라스, 선크림, 모자, 장갑, 양털 속바지, 양털 스웨터, 패딩점퍼, 배낭, 보온병, 다운 재킷, 식량을 준비했다.

　규정에 따라 새의 개체수를 세는 일은 오전 아홉 시 전에는 할 수 없었다. 그런데도 이른 아침 집을 나서 못과 호수 주변 그리고 강을 구경하는 일이 재미있었다. 이 시기에 새들은 먹잇감을 구하러 가기 전에 아침 해가 떠오르는 길을 따라 바쁘게 움직인다. 왕성한 활동이 벌어지는 봄에 새들을 관찰하는 일은 대 장관이 아닐 수 없다. 그날 아침, 우리는 집을 나선 지 얼마 되지 않아 발길을 멈추고 한참 동안 한 쌍의 오리를 관찰하였다. 그 오리들은 우리 집 앞에 있는 못에 둥지를 틀고 있었다. 수컷 오리들은 암컷들과 같이 무리를 지어 앉아 있었는데 암컷을 유혹하여 짝을 지으려는 것이 분명했다. 거기에서 좀 더 떨어진 곳에서는 귀뿔논병아리가 물 위에서 놀고 있었다. 수컷은 이미 화려한 깃털을 뽐내며 유유자적 헤엄을 치고, 암컷은 부지런히 움직이면서 교만을 떨었다. 눈과 귀만 있으면 새를 관찰할 수 있다고 하지만 망원경이 있으면 새를 더 정확히 볼 수 있다. 좋은 망원경이 있으면 북방흰뺨오리의 녹색과 노란색의 독특한 눈도 볼 수 있다. 사람들은 북방흰뺨오리의 신기한 모습을 충분히 연구할 수 있고, 스포츠 스타나 수퍼모델처럼 한껏 뽐을 내는 새의 모든 움직임을 자세히 관찰할 수 있다. 북방흰뺨오리는 주위를 아랑곳하지 않고 물 위를 이리저리 뱅뱅 돌며 모기를 잡아먹는다. 이 새들은 봄이 오면 충분한 먹이를 먹고 알을 낳는 일에만 몰두하면서 자신의 몸무게와 맞먹을 정도의 알을 낳는다.

새를 헤아리기

5월의 어느 날 아침 첫 번째 새를 세는 장소는 미바튼 호수에서 남쪽으로 떨어져 있는 작은 호수 그래나바튼의 만회프디에 있는 곳卄이었다. 그 호수 안에는 얼음처럼 찬 물이 솟아나오는 수많은 샘들이 있고 그래닐래쿠르 하천이 여기에서 시작하여 미바튼으로 흘러든다.

아홉 시 정각이 되었다. 고요하고 잔잔한 호수는 새들로 가득 차 있었다. 새들은 수면에 비친 자신들의 모습을 따라 움직이며 하루를 맞이하고 있었다. 우리가 가까이 접근하자 새들은 놀라서 호수 안쪽으로 도망갔다. 도망가는 새들의 모습은 다양했다. 기러기는 꽥꽥거리고 날개를 푸덕거리면서 소란을 떨었다.

여기 사람들이 헤엄치는 병아리라고 부르는 지느러미발도요새가 나의 관심을 끌었다. 대여섯 마리가 호숫가에서 가까운 수면 위에 옹기종기 모여 있었다. 그 새들은 우리가 가까이 다가가는 것도 모르고 열심히 자기 일을 하고 있었다. 지느러미발도요새는 가장 신비로운 새로 여겨졌는데 봄이 되면 그들이 어디에서 날아오는지 아무도 몰랐기 때문이다. 그러나 어느덧 그 비밀이 풀리게 되었다.

지느러미발도요새는 페루의 해안가에서 겨울을 난다. 이 새는 암수의 역할분담이 분명하게 정해져 있지 않은 것도 주목할 만하다. 지느러미발도요새는 암컷이 더 크고 깃털이 화려하다. 그리고 암컷이 짝짓기를 주도하면서 수컷을 놓고 싸우는데 암컷이 알을 낳으면 수컷이 부화를 시킨다.

나는 이상하고 예쁜 새로부터 눈길을 돌려 새 개체수 기록리스트를 들여다보았다. 그 기록노트는 고문서와 같은 노란색이었고 줄이 쳐진 것이었다. 각 페이지의 첫 줄에는 개체수를 파악할 때 고려해야 할 가장 중요한 오리와 새 종류 이름의 처음 알파벳 세 개를 적어놓았다. 한 종류의 새를 세 개의 줄에 기록했다. 첫 줄에 한 쌍의 새를 의미하는 P, 두 번째 줄에 수컷의 상징 ♂, 그 아랫줄에는 암컷의 상징 ♀ 표시를 했다. 새들이 출현하는 빈도에 따라 리스트도 만들었다. 댕기흰죽지오리, 검은머리흰죽지오리, 홍머리오리, 북방흰뺨오리, 바다비오리, 검둥오리, 긴꼬리오리, 청둥오리, 쇠오리, 알락오리, 고방오리, 흰줄박이오리, 귀뿔논병아리, 회색기러기. 기록노트의 맨 아래에는 비교적 개체수가 적은 새의 종류를 적어놓았다. 분홍발기러기, 큰고니, 아비목오리, 비

댕기흰죽지오리

오리, 흑꼬리도요새, 아비오리, 큰까마귀. 그리고 검은가슴물떼새, 중부리도요새와 더불어 모든 참새들도 기록했다. 미처 알지 못하는 새나 아주 드문 새를 위해 빈칸을 마련해두면서 하다못해 집오리까지 모든 새를 기록했다.

조류학자는 삼각대를 세워놓고 그 위에 커다란 망원경을 설치한다. 그리고 새의 숫자를 세기 전에 그 지역을 어느 정도 관찰한다. 기록담당자는 땅바닥에 양반다리를 하고 앉아 새의 기록노트가 끼워진 클립보드를 들고 연필을 꺼내든다. 그러고 나면 살 들고 정확히 기록하는 일만 남는다. 기록담당자는 온 신경을 곤두세운다. 조류학자가 수를 세기 시작하면 마니차*를 돌리며 만트라를 읊는 것처럼 들린다. 북방흰뺨오리 한 쌍, 북방흰뺨오리 수컷, 회색기러기, 검둥오리 한 쌍, 회색기러기 다섯 마리, 귀뿔논병아리 둘, 댕기흰죽지 네 쌍, 수컷 두 마리…… 이런 식으로 계속 개체수를 센다. 30분, 한 시간, 때로는 한 시간 반 동안. 새들의 수를 세면서 암컷과 수컷을 분류한다. 이 새들은 정확히 말하면 그들의 다양한 깃털을 근거로 가능한 단 한 마리의 새가 된다.

오리는 암컷 한 마리가 수컷을 바꿔가면서 한 쌍을 이루는 경우가 빈번하다. 말하자면 남편 아닌 다른 남자와 바람을 피우는 것이다. 그러나 그 수컷은 결코 좋은 남자친구가 아니라 언제든지 다른 수컷에게 자리를 내어줄 달갑지 않은 애인이다. 수컷은 이런 기회

* 티벳불교의 원통형 기도 기구.

42

귀뿔논병아리

가 오면 암컷을 바꿔버린다. 오리는 암컷보다 수컷이 많은 경우가 흔한 일이며 암컷은 수컷을 매우 까다롭게 고를 수 있다.

미바튼에 가장 널리 퍼져 있는 새는 댕기흰죽지오리이다. 그날 아침에도 이 새떼들이 그래나바튼 호수에 가장 많았다. 그러나 나의 조류학자는 홍머리오리가 전보다 많은 것에 놀랐다. 더구나 아직 다 성장을 하지 않은 어린 새도 확인했다. 어린 새는 분명히 암수 구분이 되지 않는 중성이었다. 홍머리오리가 부화하여 생식능력이 있기까지는 2년이 걸린다. 어린 새들은 모습이 득이했고 독특한 행동을 하였다. 하지만 그 새도 개체수에 포함시켰다. 봄에 홍머리오리의 나이를 알 수 있다. 이를 알기 위해서는 홍머리오리가 나는 모습을 봐야만 한다. 활짝 펼쳐진 날개로 새의 나이를 알 수 있기 때문이다.

그렇게 아침이 지나면서 개체수 세기는 계속되었다. 조류학자는 망원경을 통해 수면 위를 뚫어지게 관찰했다. 그는 기록담당을 맡은 나에게 거의 보이지 않는 호수 저 멀리에 점점이 떠 있는 새들의 종류를 확인하고 숫자를 불러주었다. 그동안 나는 기록노트에 올바르게 연필로 표시할 준비를 하고 있어야 하기 때문에 될 수 있으면 기록노트에서 눈을 떼지 않고 정신을 집중해야만 했다. 춥지만 아름다운 이 아침은 앞날이 기대되는 순간이자 일 년 동안의 새의 개체수를 파악하는 데 아주 좋은 출발이었다.

논홀 오름에서

다음 날은 동쪽에서 산들바람이 불어왔고 하늘엔 구름이 끼어 있었다. 카울파스트뢴드 마을 옆에는 미바튼을 향하여 불쑥 솟아오른 커다란 오름이 있다. 그 오름이 동풍을 막아주었다. 우리는 초원지대를 지나 그 오름의 서쪽 사면을 힘겹게 올랐다. 사람들은 그 오름을 논홀이라 부른다. 그 오름 꼭대기에서 안전하고 편하게 앉아 호수와 호숫가에 있는 새들을 관찰할 수 있다.

그 바로 아래에는 움푹 들어간 작은 만이 있는데 아비목오리가 닻을 내린 해안경비대의 배처럼 앉아 있다. 아비목오리는 같은 곳에만 머무르는데 그들에게 다가가는 오리들이 그들을 알아채면 즉각 도망칠 정도로 공격적이다. 호수 안쪽으로 뾰족하게 나온 다른 쪽의 호숫가에는 검둥오리가 잠을 자고 있었다. 이들은 아주 순했고 아비목오리에 대해선 아무런 신경도 쓰지 않는 듯이 보였다. 한

검은머리흰죽지오리

쌍의 검둥오리가 바짝 붙어 서로 몸을 비빈다. 수컷은 까마귀처럼 검은색이고 암컷은 뺨이 밝은 갈색, 몸통은 짙은 갈색이다. 바로 근처에 또 다른 새까만 검둥오리 수컷이 부리를 날개 밑에 넣고 있다. 짐작건대 전형적인 불륜남일 것이다. 마치 보이스카우트처럼 어느 때고 행동할 준비가 되어 있다. 그사이에 바다비오리 한 쌍이 그 옆을 헤엄쳐 지나간다. 암수 모두 거친 머리 깃털과 불타오르는 듯한 붉은 눈 때문에 힘차고 격식이 없어 보인다. 이 새들은 코믹영화에 나오는 스타 부부처럼 생겼다. 이들은 검은 모래사장 위에 모여 낮잠을 즐긴다. 꾸벅꾸벅 졸고 있는 바다비오리와 검둥오리 앞으로 갑자기 지나칠 정도로 모범생으로 보이는 어린 청둥오리 수컷이 나타나 먹이를 찾기 위해 물속에 머리를 넣었다 빼기를 반복한다. 이런 광경은 드문 일이지만 레이캬비크 사람들에게는 일상이다. 그들은 도시에 있는 호수를 산책하며 오리들에게 먹이 주는 일을 아주 평범하게 여긴다. 수컷 청둥오리의 녹색 머리는 햇빛을 받아 반짝거리고 나처럼 도시에 사는 사람들의 영혼 안에 자부심의 숨결을 느끼게 한다.

나는 지구상에 있는 오리들의 천국에서 현란한 대표자를 본 것이었다.

홍머리오리

조류학자는 아주 새로운 장소에서 귀뿔논병아리 한 마리를 발견했다. 이 새를 이런 곳에서 보기란 결코 쉬운 일이 아니다. 그러나 귀뿔논병아리가 미바튼 호수에 나타난 것은 놀랄 만한 일도 아니다. 지난해 이 새의 개체수가 갑자기 늘어났기 때문이다. 생태계의 변화는 전혀 예측할 수 없다.

검은머리흰죽지오리 한 쌍, 알락오리 암컷……

여러 종류의 오리를 세면서 갑자기 떠오른 새들의 이름이었다. 나는 오늘 저녁 집에 돌아가면 조류도감에서 이 새들을 찾아봐야겠다고 생각했다. 예전에 검은머리흰죽지오리는 미바튼 지역에 널리 서식하는 흔한 새였다. 이곳의 노인들은 이 사실을 잘 기억하고 있다. 그러나 1970년 무렵부터 댕기흰죽지오리가 가장 많아졌고 검은머리흰죽지오리는 점점 줄어들었다.

우리는 논홀을 떠나 카울파스트룀드 지역에 있는 아우스브야르나르트외른이라는 작은 호수로 향했다. 그곳에서 우리는 흰뺨오리를 보았다. 흰뺨오리는 미바튼에서 아주 드문 새였다. 얼핏 보기에 북방흰뺨오리와 비슷하지만 그보다 작으면서 더 하얗다.

카프소르라우크스회프디 곶에서는 미크레이와 흐루테이 섬이 아주 잘 보인다. 우리는 그 꼭대기에 앉아 호수와 섬, 산들이 펼쳐진 아름다운 풍경을 감상하였다. 바람은 잔잔했고 새의 개체수를 세기 전에 북극제비갈매기가 덤으로 나타나 멋진 비행 실력을 보여주었다. 북극제비갈매기는 열심히 먹잇감을 찾고 있는 중이었다. 우리는 그 새가 작은 물고기를 낚아채자마자 공중으로 날아가는 모습을 바라보았다. 북극제비갈매기는 조용하게 지저귀며 다른 북극제비갈매기를 불러 모았다. 그 지저귐은 알을 부화시키는 둥지의 침입자를 좇아낼 때와는 전혀 달랐다. 북극제비갈매기는 성질이 온순하고 동료 새들을 돕기도 한다. 이런 새가 허공을 멋지게 날면서 능수능란한 비행 솜씨를 뽐내고 있는 모습을 본다는 것은 커다란 기쁨이다. 북극제비갈매기의 우아한 몸매는 유일하면서 정확하게 맞춰진 비행 근육으로 이루어진 것 같았고, 그 모습은 마치 이 세상의 다른 모든 새들과 동떨어진 별개의 허공에서 날아다니는 것처럼 보였다.

큰부리까마귀 한 마리가 무언가 묵직한 것을 입에 물고 날아갔다. 큰부리까마귀는 그 무게를 공중에서 지탱하기 위해 온 힘을 다하는 것 같았다. 망원경으로 자세히 살펴보니 큰부리까마귀가 입에 물고 있는 것은 다른 새의 내장이었다. 아마도 매가 먹다 남은 것을 물고 가는 것 같았다. 매와 황조롱이, 큰부리까마귀는 미바튼 호수에 사는 오리들에게는 무시무시한 포식자들이다. 이제 우리는 망원경을 설치하고 새의 개체수를 세어야 한다.

겔딩가에이 섬

셋째 날 우리는 겔딩가에이 섬에서 새의 개체수를 파악하였다. 그 섬은 미바튼으로 흘러드는 락사우 강의 두 개 발원지인 미드크비슬과 시드스투크비슬 사이에 있다. 미바튼 대폭발이 일어났을 때 지금의 겔딩가에이 섬이 있는 곳으로 용암이 흘러들면서 단단하게 굳은 땅 위에 점점 쌓였다. 결국 용암이 높이 쌓여 계곡과 작은 동굴들이 만들어졌으며 이것이 그 지역을 동화의 한 장면으로 탈바꿈시켰다. 예전에 많았던 통로 가운데 하나가 락사우를 거쳐 겔딩가에이에 이르렀다. 그곳에는 많은 마차길이 있었고 바우타스테인스바드, 게뎅크스테인푸르트, 사우다바드라는 양이 건너던 세 개의 여울목과 수아바드라는 돼지가 건너다니던 여울목이 하나 있었다. 섬을 올라가면서 나는 시적인 언어에 놀라지 않을 수 없었다. 언어들은 관계들로부터 제각각 떨어져 나와 말 그대로 부조리하게 나타났다. 아주 옛날에는 이곳에 멧돼지도 살았다고 한다.

우리는 쉬지 않고 앞을 향해 나아갔다. 여기에는 전망이 좋은 곳이 별로 없었다. 그러나 우리는 언덕을 넘고 또 넘으며 새를 세고 기록하기 위해 멈추어 섰다. 강가에 짝지을 자리를 찾지 못한 새들은 불편한 모습이었다. 아이슬란드의 어디에도, 어쩌면 지구상의 어디에도 먹파리가 살기에 이곳보다 좋은 지역은 없을 것이다. 미드크비슬 건너편에 있고 그 이름을 따 붙인 예전의 휴게소 커피바위에서 우리는 북방흰뺨오리 몇 쌍이 노는 모습을 보았다. 이곳은 가장 좋은 서식처이며 아름답고 영양상태가 좋은 새들이 머물고 있다는 사실을 분명히 확인할 수 있다. 이곳의 새들 사이에는 팽팽한 긴장감이 도는데 그 이유는 구역이 작은데도 새의 분포밀도가 높고 서로가 지켜야 할 영역이 많기 때문이다. 자기 영역을 지키기 위해서는 항상 경계를 하면서 싸울 준비가 되어 있어야 한다. 더군다나 흰줄박이오리와 귀뿔논병아리는 수컷 북방흰뺨오리의 먹잇감이다. 나는 부화시기인 여름에 어떤 일이 벌어지는지 알기 위해 이곳을 다시 찾기로 마음먹었다.

남풍, 그러나 결코 잔잔하지 않은

그다음 날부턴 새의 개체수를 파악하기에 좋은 날씨였다. 고요하고 맑은 봄 날씨였고 너무 춥지도, 바람이 많이 불지도 않았다. 우리는 호수 북쪽에 움푹 들어간 이트리플로이 만과 보구르와 레이캬흘리드 사이에 있는 호숫가를 찾았다. 모든 것은 평소와 다름없었지만 넓적부리오리, 캐나다홍머리오리, 꼬까도요와 같은 진귀한 새들도 보였다.

그런데 새의 개체수 파악 작업을 그만둬야 할 정도로 남풍이 세게 불어왔다. 이렇게 거센 바람이 불면 파도가 거칠어지고 새들은 자신들을 보호하기 위해 둥지로 돌아가기 때문이다.

하루 종일 이 지역에 바람이 거세게 불었다. 밤낮을 가리지 않고 미친 듯 강풍이 몰아쳤다. 블라우프얄과 젤란다프얄 사이의 고원지대 바람은 시커먼 먼지구름을 일으켜 하늘 위로 올라갔고 사방이 어두워졌다. 호수는 녹갈색으로 탁하게 변하였고 물결이 하얗게 일렁이며 호숫가로 밀려왔다. 새들은 호숫가에 청승맞게 쪼그리고 앉아 있거나 물결 위를 둥둥 떠다녔다. 겁 없는 새들만이 모험을 즐기듯 강풍 속에서 비행 솜씨를 뽐내며 하늘이 그들에게 충분히 가져다준, 눈에 보이지 않는 힘을 이용하고 있었다. 그 새들은 깍도요와 북극제비갈매기였다. 다른 새들은 사람들과 똑같이 그저 바람이 멎기만을 기다렸다. 그들은 지쳤고 신경도 예민해져 있었다. 바람은 새들의 머리와 날갯죽지에 통증을 가져다준 것 같았고 모래바람이 새들의 건조한 눈 속으로 들어갔다. 어느 새도 아무런 일을 할 수 없었다. 그저 처마 밑과 창틀에 앉아 짹짹거리며 지저귈 따름이었다. 그 울음소리가 신경을 거세게 건드렸다. 그러한 모습이 가브리엘 가르시아 마르케스의 소설 『백년의 고독』 한 장면 같았다. 모든 것들이 기이하고 견디기 어려울 때까지 일주일 내내 바람이 몰아치는 것은 아닐까? 아니면 그것은 비였을까?

폭풍우가 거세게 몰아치면 그 지역을 빠져나와 높은 지대에서 낮은 계곡으로 몸을 피한다. 우리는 먼저 스바르파다르달루르로 이동한 후 다시 미바튼으로 흘러드는 락사우 강의 발원지인 락사우르달루르로 갔다. 모든 곳에 강한 바람이 불고 있었지만 고지대보다는 계곡에 있는 편이 훨씬 안전했다. 스바르파다르달루르에서 새의 개체수 파악은 길가에 차를 세워놓고 차창을 통해서 거의 마쳤다. 우리는 망원경으로 강과 계곡을 잘 살펴볼 수 있었다. 계곡을 이루고 있는 산들은 힘차고 웅장한 느낌을 주었다. 그리고 계곡 맨 아래는 넓은 초원지대라 아늑했다.

그다음 날 우리는 차를 타고 락사우르달루르를 통과했다. 내가 알고 있는 다른 모든 계곡과 다르게 락사우르달루르는 부서지기 쉬운 용암의 협곡인데 그 사이로 맑고 푸른 급류가 뱀처럼 꼬불거리며 흘렀다. 그곳 사람들은 폭발이 일어났을 때 얼마나 어마어마한 용암이 흘러나와 미바튼과 그 주변을 형성했는지 잘 알고 있다. 그리고 용암이 어떠한 경로로 흘렀으며 또 어떻게 계곡의 가장 좁은 지역으로 몰려들었나를 여러 곳에서 확인할 수 있다. 락사우는 아이슬란드에서 바다로 흘러드는 유일한 용암계곡으로 형성된 강이다. 물살이 매우 거센 이 강으로 한 달 정도면 만수위가 되는 미바튼 호수의 많은 물을 흘려 내보낸다. 이 강에도 미바튼 호수에 사는 새와 같은 종류의 새들이 살고 있으며, 특히 북방흰뺨오리와 흰줄박이오리가 많이 서식한다.

용담꽃

멋지게 쌓아 올린 돌담은 길게 이어진 강의 가장자리를 장식하고 있다. 이 돌담은 예전에 형성된 마을에 농가들이 많이 있었을 때의 흔적이다. 우리는 강 위에 있는 새들을 헤아리기 위해 아우드니르 마을과 마주보고 있는 높은 바위 위에 앉았다. 강 건너편으로 북극제비갈매기 한 무리가 풀밭 위에 옹기종기 모여서 강풍에 지친 몸을 달래고 있었다.

아우드니르는 19세기 말 홀다라는 필명으로 활동한 운누르 베네틱트스도티르가 자란 곳이다. 나는 그녀의 자서전을 읽은 적이 있었고 그 바위 위에서 홀다가 쓴 아비새 이야기를 떠올렸다. 홀다는 저녁이 되면 마우스바튼에서 크링글루바튼으로 날아가는 아비새에 관한 이야기를 남겼다. 아비새는 항상 같은 시간에 밝은 여름밤 하늘을 즐겁게 날아갔다. TV와 인터넷이 없었던 19세기의 철새들에 관한 이야기를 접한다는 것은 정말 흥미로운 일이다. 그때의 그 새들은 이 계곡에 사는 사람들과 어떠한 관계를 유지했을까…….

생각에 잠겨 있던 나는 조류학자의 목소리를 듣고 깜짝 놀랐다. 곧바로 나는 흰줄박이오리와 북방흰뺨오리의 숫자를 기록지에 적어 넣었다.

새의 개체수 파악이 끝나자 나는 강에 있는 새들을 정확히 관찰하고 싶어 망원경을 들었다. 북방흰뺨오리를 살펴보는 것은 매우 흥미로운 일이다. 이 새들은 아주 고상하고 우아하다. 상류사회의 파티를 즐기는 한 쌍 같아 보이는데, 암컷은 소박한 아름다움이 돋보이며 수컷은 한껏 옷을 잘 차려입은 댄디보이처럼 보인다.

마침내 여름이 오다

여름은 아무런 예고도 없이 급작스럽게 찾아온다. 기온이 갑자기 올라갔고 예년보다 훨씬 더웠다. 호수는 고요했고 부드러운 푸른색은 거울처럼 맑았다. 새들은 전에 하던 대로 이곳으로 다시 돌아와 둥지를 만들고 자기 일들을 열심히 했다.

준비물이 달라졌다. 여름 모자, 선크림, 선글라스, 가벼운 긴팔옷, 물을 챙겨야 했다. 털모자, 장갑, 양털속바지, 양털스웨터, 다운 재킷은 준비목록에서 지웠다. 그러나 망원경, 쌍안경, 지우개 달린 연필, 새의 개체수를 기입할 기록노트는 여전히 중요한 준비물이었다.

구름 한 점 없는 하늘에 햇볕이 쨍쨍 내리쬐는 날이 계속됐다. 여러 날 연속으로 날씨가 좋은 것은 아이슬란드에서 드문 일이었다. 특히 여름에는 더 그랬다. 때는 5월 말, 6월 초였다. 아직 모기가 알에서 깨어나기 전이지만 깔따구는 조금씩 부화를 한 것 같았다. 그러나 먹파리는 아직 한 마리도 보이지 않았고 호수의 매력적인 분위기를 해치는 것은 지금까진 전혀 없었다. 이 시기에는 배를 타고 호수로 나가 섬 위에 있는 새들을 관찰할 수 있다. 미바튼에는 사오십 개의 크고 작은 섬이 있다. 많은 섬들이 하나 또는 두 개의 유사 분화구로 만들어졌고 초원지대의 작은 화산처럼 물 위에 솟아나 있다.

호수의 여름날은 투명한 아름다움 속에 심상치 않은 사람이 살

검둥오리

금살금 기어오는 듯이 마법에 걸린 분위기이다. 인간이 마치 천사가 된 기분이고 햇빛이 눈부시게 빛난다. 하늘 위에 둥둥 떠 있는 하얀 뭉게구름이 수면 위에 비친다. 모든 것을 껴안는 듯하면서 장엄한 풍경은 영원하고 끝이 없을 것처럼 보인다. 사람들은 마치 천국이나 우주를 떠다니는 느낌이 든다. 섬들은 그 자체로 하나의 세계를 이룬다. 섬들은 저마다의 고유한 이야기를 간직한 채 수백 년이 흐르는 동안 다양한 방식으로 미바튼에 사는 사람들이 살아왔던 전통과 문화와 결합되어 있다. 물론 섬에도 오리들의 부화 장소가 있다. 그리고 예전에는 농부들이 섬에 들어서 풀을 베었다. 그러나 지금은 양과 염소를 키우는 장소로 사용하고 있다.

미클레이 섬

선미에 10마력의 모터가 달린 배가 미끄러지듯 앞으로 나가면서 물거품을 일으켰다. 물살이 좌우로 넓게 퍼지자 새들이 도망갔다. 지나가면서 경치를 즐기고 생각에 잠길 수 있는 좋은 기회이다. 우리는 섬들 가운데 가장 크고 눈에 잘 띄는 미클레이 섬을 지났다. 전해오는 이야기에 따르면 이곳은 스쿠투스타디르란 지역에서 쏘룬이라고 불리던 여성 영웅이 활동한 곳이었다. 그녀는 17세기 후반, 하인들과 함께 당시 창궐하였던 페스트를 피하여 미클레이 섬으로 왔다. 쏘룬에 관한 전설은 이곳 말고도 아이슬란드의 여러 곳에 다른 시대를 배경으로 전해 내려오고 있다. 이들의 공통점은 미바튼 역사에 대한 믿음이 줄어들지 않는다는 것이다. 미클레이 섬의 쏘룬이 나라를 말하는 것인지 아니면 아주 다른 쏘룬을 말하는 것인지 정확히 알 수는 없지만 실제로 쏘룬의 유적이라고 불리는 흔적이 많이 남아 있다.

1858년 3월, 미클레이에 지역 독서 모임이 창설되었다는 점은 매우 주목할 만하다. 그 당시 일종의 작은 도서관 같은 독서 모임이 한겨울 섬의 야외에서 창설되었다는 이야기는 매우 흥미롭게 들린다. 우리는 다행스럽게도 이에 관한 기록을 볼 수 있었고 그 내용은 아름다운 자연의 분위기와 사회의 모습을 전해주고 있다.

1858년 3월 23일, 화요일 아침이 밝았다. 맑고 좋은 날씨였다. 미바튼은 온통 반질거리는 얼음으로 덮여 있었다. 백조 무리의 다양한 울음소리가 호수의 탁 트인 만과 동쪽 호숫가, 그리고 락사우 강 위로 합창처럼 울려 퍼졌다. 정오가 다가오자 남녀노소 할 것 없이 많은 사람들이 꽁꽁 얼어붙은 호수 위로 모였다. 대부분이 스케이트를 신고 호수에서 가장 큰 섬인 미클레이를 향해 달렸다.

그곳에 사람들이 들어가 모일 수 있을 만한 장소가 없었음에도 함께한다는 것 자체를 즐기는 듯했다. 너나 할 것 없이 하루 종일 날씨가 좋을 것이라 믿었고 바람을 막아주는 따뜻한 방한복을 입고 있었다. 그 모임은 정말 보잘것없어 보였지만 미바튼에서는 가장 중요한 행사 가운데 하나였다.

그림스타디린 출신의 요하네스 지그핀손은 '미바튼 독서 모임 100주년을 기념하며 1958년 3월 23일 모르군블라디드에서'란 제목의 기사를 게재하였다. 어디에서 자료를 얻었는지 확실하지는 않지만 내용이 매우 구체적이다. 사람들은 겨울 오리들의 울음소리를 들었고 바람을 막아주는 따뜻한 옷을 입고 있는 것을 기뻐하고 있다. 지금 같았으면 분명히 기능성 아웃도어 복장을 한 채 환경을 오염시키는 모터썰매를 타고 질주했을 것이다.

독서 모임이 창설되던 이날 많은 사람이 참석했으며 영향력 있는 주민 몇 사람은 책을 기증하였다. 나중에 스쿠투스타디르에 성 같은 집을 짓고 그곳을 도서관으로 만들었다. 모임은 점점 커졌고 사람들은 신중하게 고른 책을 구입하였다. 문학, 여행서, 전문서적, 특히 자연생태에 관한 책들이 주종을 이루었다. "사람들은 좋은 책들을 사 모으려 애썼으며 통속소설과 같은 책은 피했다"고 요하네스는 기사에 쓰고 있다.

스비딘세이 섬에서

우리는 미클레이에서 나와 북쪽의 평지와 함께 있는 작고 비스듬한 섬 스비딘세이로 향했다. 거기에서 탁 트인 평지에 사는 새들의 개체수를 파악해야 했다. 우리는 예기치 않은 도움을 받았다. 얀이 망원경을 들고 빈드벨그야르프얄 위로 올라가 그 앞에 펼쳐진 평야지대의 새를 세기 시작한 것이다. 얀 콜베인손은 부지런하고 매우 숙련된 새 관찰자이다. 그는 기록하는 사람을 따로 동반하지 않고 직접 녹음을 한 후 나중에 기록노트에 옮겨 적는다.

우리는 스비딘세이가 가까워오자 모터를 꺼서 배 위로 끌어올리고 속도를 늦추었다. 배는 섬의 남쪽 끝에 있는 작은 만 안으로 미끄러져 갔다. 다리가 긴 양들이 신기한 듯 우리를 맞아주었다. 이마에 흰점이 있는 양들은 적갈색이었고 일정한 거리를 둔 채 다른 동물보다 우리에게 더 관심을 기울였다. 양들은 이 작은 섬에 사는 것이 외로운 걸까? 우리가 양들에게는 아무런 관심이 없다는 것을 그들도 금방 눈치챘는지 다시 열심히 풀을 뜯어 먹기 시작했다. 우리는 유사 분화구를 힘겹게 올라가서 그 안을 들여다보았다. 오늘 아침에 나는 흑꼬리도요와 중부리도요로 가득 찬 분화구를 보았다. 그러나 이곳은 하품이 날 정도로 텅 비었고 풀만 자라고 있었다. 우리는 숫자를 셀 수 있는 적당한 곳을 찾아 자리 잡았다. 여기에서 넓은 호수 위에 있는 수백 마리의 새를 세어야 했다. 이곳에서 새를 세는 시간은 구역당 30분 내지 45분   이 걸린다. 휴대폰 벨소리를 끄고 물병을 손이 닿기 좋은 데 놓고 모기망을 머리에 뒤집어 쓰고, 클립보드를 꺼낸 뒤 연필을 손에 쥐었다.

비오리

우리는 우선 눈앞에 펼쳐진 광경을 전체적으로 살펴본 후, 망원경으로 넓은 호수 위에 여기저기 떠 있는 새들의 무리를 관찰했다. 그때 조류학자가 "저길 좀 봐!"라고 말했다. 그가 흰비오리 한 마리를 발견한 것이다. 흰비오리가 있었다. 흰비오리는 온통 하얀 몸통에 부리와 등의 깃털이 검은색이다. 나 역시 망원경을 집어 들었으나 내 눈에는 흰비오리가 아닌 고방오리만 보였다. 고방오리는 목이 길어서인지 발레리나처럼 보이기도 했다. 그리고 암컷이 훨씬 우아하고 고상하다. 습지에서는 살지 않고 호수에만 있는 알락오리 한 마리가 보였다. 미바튼 사람들은 이 오리를 작은 회색오리라고 부른다. 이제 새를 세는 일이 시작되었고 그것은 심오한 명상에 빠지는 것과 같았다.

열심히 새를 세고 있는데 휴대폰 진동 소리가 났다. 햇빛 아래 마른 거위똥 옆에 놓아둔 휴대폰이 매우 긴박한 듯 진동했다. 벨그야르프얄의 비탈에서 작업을 하고 있던 얀이었다. 그는 이미 잔드바튼과 그 주변에 있는 새의 숫자를 다 파악하였다. 자기는 이제 산을 넘어가고 있는 중이라고 말했다. 망원경으로 벨그야르프얄 위쪽을 살펴보니 독수리 한 마리가 산꼭대기 위로 날아가는 것이 보였다. 얀을 발견한 흰꼬리독수리는 몇 번의 날갯짓으로 높이 떠올라 에이야

고방오리

프외르드 방향으로 날아갔다. 독수리의 힘찬 날갯짓으로 그곳까지는 10분 정도 걸릴 것이다. 전혀 기대하지 않았던 진귀한 흰꼬리독수리를 기록노트에 적어 넣었다.

아마도 그 독수리는 어린 새였을 것이며 호기심 때문에 이곳까지 날아와서는 새롭고 적당한 둥지가 있을 것이라 생각한 모양이다. 흰꼬리독수리는 1900년경 더 이상 미바튼에서 부화를 하지 않았다. 그러나 스쿠투스타디르와 가르두르 사이에 있는 유사 분화구 고지대의 독수리계곡, 독수리집, 독수리호수와 같은 지명으로 미루어 이곳에 독수리가 서식했었음을 알 수 있다.

새가 죽는다면

집으로 돌아오는 길에 나는 새를 세는 일이 곧 끝나게 될 거란 생각에 조금 울적해졌다. 이제 몇 군데 평야지대와 작은 못, 길가의 웅덩이, 고지대초원이 남았을 뿐이다. 우리는 이제 최종결과를 가지고 100여 년간의 자료에 새로운 자료를 더할 수 있게 된다.

우리는 통통거리는 모터보트를 타고 회프디의 곶을 지나갔다. 그곳은 호수에서 유일하게 나무를 새롭게 심은 곳이었다. 이곳의 숲속은 작은 오솔길이 나 있으며 작은 만, 식물, 새들을 관찰하기에 더할 나위 없이 좋은 장소이다.

죽음을 앞둔 새들은 어디로 갈까? 할도르 락스네스는 『명랑한

소녀』라는 글에서 죽기 위해 남몰래 떠났던 한 남자에 관한 이야기를 쓴 적이 있다. 그는 브래드라퉁가 출신의 마그누스라는 목수였는데 딸에게 우유를 짜오라고 시킨 뒤 혼자 사라져버렸다.

> 그는 새가 죽듯이 사라져버렸다. 그에게 어떤 일이 일어났는지 아는 사람이 아무도 없었다. 그는 평소처럼 마을을 내려가는 길을 따라가지 않고 마을 사람들이 낮잠을 즐기고 있는 동안 외딴길을 돌아서 몰래 사라졌다. 그가 어떻게 빠져나갔는지 아무도 알지 못했다. 그가 동물 가죽으로 막으려 했던 창가엔 도끼와 망치가 놓여 있었다. 그는 창틀을 새로 고쳐놓은 참이었다. 대팻밥이 풀밭 위에 흩어져 있었다.

집으로 가는 내내 아름다운 경치가 펼쳐졌다. 내 머릿속에는 새가 자연적으로 죽는 모습을 볼 수 있다면 얼마나 좋을까 하는 생각이 떠나질 않았다. 나는 지금까지 새들이 새그물, 전깃줄, 자동차나 유리창에 부딪혀 죽은 경우만 봐왔다. 물론 큰부리까마귀가 귀신같이 나타나 기대하지도 않던 맛있는 먹잇감으로 죽은 새를 해치운다. 아마 수명이 다해 죽은 새들도 그들이 먹어치울 것이다. 그들이 먹고 남긴 깃털이나 뼈를 보면 이 새들이 얼마나 지독하게 죽은 새를 먹어치웠나 짐작할 수 있다.

언젠가 나는 카리브해에서 배를 타고 펠리칸 바위섬을 지나간 적이 있었다. 그 섬은 새들의 배설물로 온통 하얗게 뒤덮여 있었다. 나중에 들은 얘기지만 사냥하기에 너무 늙은 펠리칸은 이 섬 위로 공중낙하한다고 한다. 그 섬은 일종의 펠리칸의 무덤인 셈이다. 이 이야기는 아마도 이 지역의 전래동화일 수도 있다. 나는 그 말을 믿었다. 에스키모인들은 너무 나이가 들어 남들에게 짐이 되거나 더 늦기 전에 얼음벌판으로 나간다는 이야기가 떠올랐다.

긴꼬리오리 한 마리가 우리 머리 위로 날아가면서 그 새만의 특유한 울음소리를 냈다. 그 새의 울음 끝에 들리는 짧은 소리는 무엇을 의미하는 것일까? 그 소리는 마치 물음표와 같은 느낌을 준다. 인간이 지구상에 그렇게 오랫동안 살았고 달나라까지 갔으면서 그 새들이 어디로 날아가는지, 새들의 울음소리가 무엇을 의미하는지 모른다는 것은 부끄러운 일이다. 긴꼬리오리는 무슨 말을 했을까? 그 새들이 지저귀는 멜로디는 대부분 마장조의 다섯 개 음정으로 이루어졌는데 위험에 닥쳤을 때 이들은 무언가 다른 소리를 낸다. 봄이 되어 긴꼬리오리의 특유한 지저귐을 들을 수 있다는 것은 미바튼 사람들에게 주어진 하나의 행복이다.

바다꿩

북방흰뺨오리의 생애

미바튼 호수와 락사우 강에 사는 특별한 새를 들라면 단연 북방흰뺨오리를 빼놓을 수 없다. 이 지역은 아이슬란드에서 가장 중요한 북방흰뺨오리 서식지인데, 이들은 일 년 내내 이곳을 떠나지 않는다. 북방흰뺨오리는 미바튼 호수와 떼려야 뗄 수 없는 관계를 맺고 있다. 이 새들은 용암의 초원에서 부화를 하지만 때로는 사람들의 집에 머물면서 특수하게 제작된 부화상자를 이용한다. 미바튼에는 오래전부터 사람과 북방흰뺨오리 사이에 긴밀한 관계를 유지하고 있다.

북방흰뺨오리는 아름다운 자태를 자랑한다. 어린 수컷은 일본의 예술가가 붓으로 선禪의 미학을 담아 그린 듯한 예술적인 흑백의 무늬가 몸통을 덮고 있다. 북방흰뺨오리는 목, 가슴, 옆구리만 흰색이고 다른 부분은 모두 검은색이다. 검은 머리는 부리와 눈 사이에 붓으로 찍어놓은 듯한 물방울무늬가 독특하다. 양 뺨에 커다란 흰 점이 하나씩 있고 활처럼 굽은 작은 흰무늬가 날갯죽지 양옆으로 여섯 개씩 있다. 수컷의 노란 눈동자는 강렬한 인상을 준다.

수컷 북방흰뺨오리는 커다란 머리로 위용을 자랑한다. 두개골의 경부가 궁형을 이루고 있어 이마는 높고 경사졌으며 이 때문에 북방흰뺨오리는 크고 위협적으로 보인다. 뒤쪽 머리의 무성한 깃털은 강하게 보이는 시각적 효과를 내고 있다. 북방흰뺨오리의 원래 학명은 부케팔라 이스란디카인데 사실은 물소 머리, 정확히 말하면 아이슬란드 물소 머리라는 뜻이다.

수컷에 비해서 암컷은 회색 몸통 때문에 눈에 잘 띄지 않는다. 그리고 암컷은 목둘레에 흰색 띠가 둘러져 있다. 암컷은 카카오갈색 머리에, 날갯죽지 깃털은 하얀색이며 노란색의 눈에는 녹색 점이 찍혀 있다. 암컷은 수컷에 비해 훨씬 작지만 깊은 구멍 속에 사는 북방흰뺨오리들에게서 볼 수 있듯이 둥지 안에 있을 때 공간을 덜 차지하는 장점이 있다.

대부분 오리들의 일상은 하루 일과의 삼 분의 일을 먹잇감을 구하는 데 할애하고, 또 삼 분의 일은 휴식을 취하며 나머지 삼 분의 일은 몸을 청결히 하는 데 쓴다. 모든 털과 날개 깃털을 깨끗하게 하고 물이 스며들지 않도록 깔끔하게 만드는 데 많은 시간이 걸린다. 이들에게 깃털은 매우 중요하고, 몸통을 덮고 있는 깃털 안에 새의 체온을 유지해주는 솜털이 들어 있다. 이 털은 통풍을 잘 시키고 손질과 관리를 잘해줘야만 한다. 날개 깃털은 유선형을 이루고 있으며 비행능력의 기본이 된다. 새는 비행기의 날개처럼 생긴 날개깃 때문에 날 수 있는 것이다. 이뿐만 아니라 날개 깃털은 물이 스며들지 않아야 한다. 새가 체온을 유지하기 위해서는 털이 젖으면 안 되기 때문이다. 특히 이것은 물새들에게 아주 중요한 문제다. 또한 새의 깃털은 매우 민감하여 금방 빠지고 다시 돋아난다. 새들은 끊임없이 깃털을 관리하고 새롭게 해야만 한다.

사랑의 삶

겨울이 되면 얼음판 가장자리에 북방흰뺨오리가 줄을 지어 웅크리고 있는 모습을 종종 볼 수 있다. 그 광경은 마치 그들이 추운 겨울을 힘겹게 지내야 한다는 인상을 준다. 그러나 자세히 관찰해보면 이 새들에게는 할리우드 영화 <겨울왕국>에서나 봄 직한 로맨틱한 면이 있음을 알게 된다. 가을에 암컷은 짝을 찾는데, 이때 중요한 것은 우아함이다. 암컷은 화려한 깃털이 있는 수컷을 선택하기 때문이다.

이 새들은 가을에 짝을 지어 겨울 내내 로맨틱한 분위기 속에서 지낸다. 좀 더 자세히 말하자면 이 새들은 지속적으로 짝짓기를 하는 것이다. 인간 외에 섹스를 하면서 쾌락을 느끼는 동물은 돌고래가 유일하다 알고 있었는데 북방흰뺨오리 역시 여기에 속한다는 걸 알 수 있었다.

겨울의 끝 무렵인 3월과 4월이 되면 날씨는 점점 화창해지고 짝을 지은 북방흰뺨오리는 서서히 일정한 호수의 구역을 자기 영역으로 만든다. 이것은 미바튼 동쪽에 있는 카울파스트뢰와 호수의 서쪽 끝에 있는 락사우 강에서 먼저 시작된다. 그

북방흰뺨오리

곳에는 충분한 먹이가 있을뿐더러 곳곳에 용암 구멍이 있어서 그 안에 들어가 편안하게 자리를 잡을 수 있다. 영역차지는 5월 말에 정점을 이루고, 거의 모든 새들은 짝을 지어 호수의 일정 구역을 자기 것으로 만든다. 그리고 물가에는 온통 새들이 즐겨 먹는 모기의 애벌레가 널려 있다. 새들의 자기 영역은 질적으로 차이가 있기 마련이고 어떤 곳은 호수나 락사우 강으로부터 멀리 떨어진 불리한 곳이기도 하다. 이런 곳에 둥지를 만든 새들은 더 이상 좋은 자리를 찾지 않고 알도 낳지 않는다. 전체 새 집단의 30~40%가 해마다 알을 부화한다. 그리고 나머지 60~70%의 새들은 안전한 둥지를 틀지 못했기 때문에 다른 새의 공격으로 인하여 부화가 되자마자 죽거나 어른 새로 성장하지 못한다.

미바튼에 서식하는 오리들의 성비를 면밀하게 조사하는 것은 동물들의 성별연구에 관심이 있는 사람에게 좋은 연구 프로젝트가 될 것이다. 미바튼에 암컷보다 수컷이 훨씬 많은 이유는 무엇일까? 그리고 암컷과 수컷이 하는 역할은 어떻게 다른 것일까? 경우에 따라 약간의 차이는 있지만 미바튼에는 약 1,200마리의 수컷과 800마리의 암컷이 서식하고 있다. 날씨 때문에 서식조건이 아주 안 좋은 해에는 수컷의 개체수가 암컷보다 적은 적도 있지만 일반적으로 암컷은 알을 낳고 부화로 인한 고단한 삶 때문에 수컷보다 수명이 짧다. 암컷은 해마다 아홉 개의 알을 낳는다. 이 알들의 무게는 암컷의 몸무게와 거의 맞먹는다. 암컷이 알을 낳은 후 부화를 하고 새끼를 열심히 돌보는 동안 수컷은 이에 아랑곳하지 않고 밖으로만 떠돈다.

앞에서도 말했지만 암컷은 스스로 자기의 짝을 열심히 찾는데 이것은 거의 자연의 일반적인 법칙이다. 즉, 암컷이 수컷을 선택하며 수컷은 자기의 유리한 위치를 위하여 경쟁할 뿐이다. 수컷은 아름답고 힘이 세고 건강하게 보여야만 하는데 이는 수컷의 현란한 색깔, 긴 깃털과 같은 우아함과 화려함을 통하여 돋보이게 된다. 북방흰뺨오리의 수컷은 광택이 나는 보라색 머리 깃털이 한껏 매력을 발산한다. 화려한 빛을 내는 색채는 다른 수컷에 비해 훨씬 뛰어나다는 것을 의미한다. 수컷의 번쩍거리는 보라색은 암컷을 꼼짝 못 하게 만든다. 사람과 비교하자면 새하얀 치아와 윤기 나는 머릿결을 가진 사람, 또는 포르셰 911을 타는 사람과 같은 것이다.

교미를 위한 행동은 겨울에 두드러진다. 짝을 지은 암수는 얼음판의 가장자리에서 서로 몸을 비비고, 수컷은 암컷을 보호해준다. 그리고 짝지은 오리들은 무리를 지어 호수 위

로마토고눔

를 헤엄치고 그것이 오리들의 사회적 연대감을 형성한다. 수컷은 자기 영역을 지키는 데 큰 역할을 하진 않지만 암컷을 안전하게 보호해주고 암컷이 부화를 하는 동안 어느 정도의 거리감을 유지한다. 암컷에게 잘보이기 위해 수컷은 크게 벌린 주둥이를 앞으로 숙여 물에 담근 채 이리저리 왔다 갔다 하면서 머리나 발로 물장구를 친다.

북방흰뺨오리는 봄에 자기 영역을 차지할 때면 다른 새에 비해 단호하다. 수컷은 자기 영역을 고집스럽게 지키면서 북방흰뺨오리는 물론 다른 새들이 범접하지 못하게 한다. 자기의 영역을 마치 물 위에 경계선이라도 그어놓은 듯 엄격하게 구분하고, 이 경계선은 누구도 침범할 수 없다. 그러나 자기 영역은 물 위에서만 지킬 뿐이며 육지나 둥지 주변은 그렇지 않다. 이 새들은 하루가 다르게 영역의 한계를 조금씩 넓혀가는데 이는 새들의 숫자와, 또한 얼마만큼 스트레스를 받느냐에 따라 다르다. 자기 영역 주변에 많은 새들이 몰려들면 새들의 숫자가 줄어들고 어느 정도 평균을 이룰 때까지 영역의 경계를 더욱 격렬하게 지킨다. 북방흰뺨오리는 낯선 새가 자기 영역을 침범하면 거세게 반항하면서 침범자를 사정없이 공격한다. 이에 반하여 잘 알고 있는 이웃 새일 경우에는 위협적이긴 하지만 엉뚱한 모습을 보인다. 수컷들은 곧바로 공격하지 않고 물 위에 납작 엎드려 서로 위협한다. 이 싸움은 대부분 자기 밑으로 깊이 들어온 상대 수컷에게 다리를 물리기 전에 한 놈이 멀리 달아나는 것으로 끝난다. 자기 영역을 차지하고 있던 수컷도 살짝 빠져나와 위협적인 자세로 수면 위에 떠 있다가 갑자기 잠수공격이라도 할 기세로 물속으로 들어간다. 그러나 물속에 들어간 수컷은 먹이 찾기에만 바쁠 뿐이다. 암컷은 이러한 수컷들의 행동에 어떠한 반응도 보이지 않고 자기 짝이 하는 행동을 바라보면서 만족스럽다는 듯이 유혹하는 자태로 고개를 숙인다.

배려와 둥지 찾기

4월이 되면 암컷들은 앞으로 알을 부화하게 될 둥지를 찾기 시작한다. 이들이 제일 좋아하는 곳은 용암지대의 구멍이나 바위 꼭대기, 용암 기둥과 같은 습기가 없고 봄에도 눈이 들이닥치지 않으며 비가 오더라도 금방 마를 수 있는 장소이다. 이런 곳은 호수로부터 상당히 멀리 떨어져 있을 수밖에 없지만 가장 선호하는 곳은 호수로부터 가까운 곳이다. 둥지를 틀기에 적당한 구멍을 찾는 일은 이른 아침 특정한 순서에 따라 암컷 북방흰뺨오리에 의해 진행된다.

언젠가 나는 이른 아침에 카울파스트룄드의 호숫가를 간 적이 있었다. 땅은 이슬에 젖어 축축했고 호수 위에는 옅은 안개가 끼어 있었다. 부활절이 지난 지 얼마 되지 않은 때였다. 나는 그 전날 호수 위를 떠다니던 흑조가 나타나기를 기다렸다. 이 지역의 백조들 틈에 있는 그 흑조는 매우 이국적이었다. 그때 북방흰뺨오리 암컷이 몇 마리 나타났고 수컷들은 일정한 거리를 두고 충실한 경호원처럼 암컷 뒤를 따라다녔다. 암컷들은 절벽 쪽으로 날아가 그곳에 앉았고 수컷들은 그 밑에 있는 호수 위에 자리를 잡았다. 그리고 아주 묘한 세리머니가 시작되었다. 암컷들은 빠른 순서로 서로에게 인사를 하고 한 마리씩 날아올라 꽥꽥거리며 절벽 주위를 한 바퀴 빙 돌았다. 새떼들은 긴장된 모습이었고 고조된 분위기가 감돌았다. 그 모습은 마치 파티에 간 젊은 여자 몇 명이 화장실에서 파티 분위기를 몰래 속닥거리는 것 같았다. 암컷들 사이에 서로를 쪼아대는 공격성은 보이지 않았고 모든 것이 평화롭게 진

행되었다. 그리고 한 마리씩 차
례로 용암절벽에 있는 구멍
으로 들어가 한동안 그곳
에서 나오지 않았다. 새
들은 다시 구멍에서 나와
서로에게 공손히 인사를 나
눈 후 또다시 뒤뚱거리며 구멍
안으로 들어갔다. 그러곤 몇 마
리의 암컷이 절벽의 돌출부에
나란히 앉았고 다른 새들은 그
새들 위를 빙빙 돌며 날았다. 모든
새들이 꽥꽥거리며 크게 울었다.

물뱀무꽃

북방흰뺨오리가 이런 행동을 보이면 비가 올 징조라고 미바튼 사람들은 말한다. 실제로 흐리거나 비가 오는 날에 북방흰뺨오리의 행동은 더욱 활발해진다. 이 새들은 둥지를 만들어놓은 구멍에 물이 새지 않고 알과 솜털이 젖지 않을 정도로 충분히 말라 있는지 꼼꼼하게 살펴본다. 구멍에서 사는 새들은 서로를 통해 배우고 정보를 주고받는다. 어떤 새들은 구멍에서 부화를 하는 경험을 충분히 해봤고 이것이 다른 새들에게 많은 도움이 되기 때문이다. 오래 사는 암컷은 예닐곱 번의 부화를 하며 항상 같은 장소에 둥지를 트는 습관이 있다. 둥지의 상황이 좋으면 그곳에 계속 머물지만 그렇지 않은 경우에는 계속 다른 곳으로 둥지를 옮긴다.

이러한 암컷들의 행동은 7월에 부화기가 끝나고 새끼오리가 알에서 깨어 나올 때까지 계속된다. 그러고 나면 둥지 찾기 순례는 다른 국면으로 접어든다. 새들은 어떤 구멍이 이용하기에 좋고, 어떤 건초가 유리한지 신중하게 선택한다. 어린 새뿐만 아니라 봄에 알을 낳은 어미 새도 마찬가지다. 이 시기에는 북방흰뺨오리가 농가의 열린 창문 안으로 날아 들어오는 일도 있다. 이 새들은 농가에 거침없이 들어와 그 주변을 빙빙 돌며 난다. 그리고 처마 끝이나 굴뚝에 앉아 있다가 구멍이 있는 곳이면 어디든 그 안으로 들어간다. 때로는 너무 흥분한 나머지 굴뚝 속으로 급하게 들어가는 바람에 나오지 못하는 경우도 있다.

미바튼 사람들은 이러한 북방흰뺨오리의 호기심을 이용했다. 미바튼 지역의 집을 돌이나 흙벽돌로 지었던 옛날에는 북방흰뺨오리들이 그곳에 난 구멍을 찾아 둥지를 만들었는데 콘크리트로 집을 짓기 시작하자 새들은 헛간이나 마구간의 환기통을 통해 드나들었다. 새를 좋아하는 농부들은 집 벽 위로 바닥에 흙을 깔아 만든 새집을 걸어놓았고 오리들은 그 안에서 알을 낳았다. 지금은 미바튼의 농가에 이런 새집을 만들어놓은 집이 많이 있고, 연구에 따르면 열 마리 가운데 한 마리는 여기에서 부화를 한다고 한다.

이제 5월도 마지막을 향하여 기울고 있다. 오리의 쌍들은 자기들 구역에서 헤엄치고 다니며 구멍을 살펴보고 둥지를 틀고 짝짓기를 할 수 있을 만한 곳을 찾는다. 암컷의 몸 안에는 수많은 난황이 있어 수정이 되면 차례로 난소로부터 떨어져 나온다. 난황은 난관을 통해 하루에 하나씩 나오며 단백질과 난막, 그리고 마침내 알껍데기가 형성된다. 암컷은 이렇게 다 만들어진 알을 낳는다. 암컷은 보통 9일 동안 청록색의 알을 하루에 하나씩 낳고 알을 다 낳으면 그 위에 앉아 알을 품기 시작하여 한 달 뒤 동시에 새끼가 알에서 깨어난다. 암컷은 알을 부화하는 동안 계속 둥지에만 있는 것이 아니라 하루 두세 번 둥지 밖으로 나와 물을 마시고 먹이를 잡아먹는다.

경제학과 위험관리

이 시기에는 이것 말고도 더 많은 일들이 일어난다. 어미오리가 모든 알을 자기 둥지에 낳는 것은 아니다. 어미들은 경제학을 잘 알고 있는 듯하다. 이들은 모든 알을 한 둥지에 낳는 것은 어리석은 짓임을 알고 있다. 북방흰뺨오리의 암컷은 자기 둥지에 대부분의 알을 낳지만 다른 둥지에도 몇 개를 낳는다. 이렇게 함으로써 위험을 줄이는 것이다. 하지만 둥지마다 알의 수는 거의 똑같다. 그런데도 어떤 이유인지는 모르지만 어미들은 각각 자기의 둥지를 가지고 있다. 그곳에는 통제 불능의 상태도 일어난다. 오리 한 마리가 혼자서 부화할 수 없을 정도로 많은 알이 한 둥지에 쌓이는 일이 생기는 것이다. 이런 일은 높은 절벽의 커다란 구멍에 만든 둥지에서 흔히 일어나는데 이 알들은 결국 어미의 보살핌을 받지 못하고 하나도 부화되지 않는다.

암컷이 2주 정도 알을 품고 나면 수컷은 화려한 깃털이 더 이상 필요하지 않게 되어 날개깃을 바꾼다. 또한 얼굴에 있던 흰무늬가 없어지고 머리 전체가 검은색으로 변한다. 수컷의 옆구리에 있던 흰색 깃털도 빠지고 가슴의 흰 깃털도 점점 어두운색으로 변한다. 날개 깃털이 빠진 수컷은 이제 날지를 못한다. 수컷들은 다시 평상시의 모습으로 돌아가 여름이 되면 보통사람에게는 미바튼 북방흰뺨오리의 암수 구분이 어려울 정도로 그 특징이 눈에 잘 띄지 않게 된다.

자기 영역에 있던 수컷들은 점차 경계를 풀고 이제 그들은 호숫가에 무리를 지어 다닌다. 말하자면 일종의 수컷만의 모임을 즐기는 것이다. 이 시기에는 물속에 있던 모기유충이 성장하여 물 밖으로 사라지고 호수 바닥에 있던 모든 먹잇감이 호수 밖으로 나오기 때문에 자기 영역을 차지하려던 다툼은 현저하게 줄어든다.

수컷 북방흰뺨오리의 변신

부화

30일간의 부화기가 지나면 새끼오리는 같은 날 알을 깨고 나온다. 이 시기에 둥지 가까이 가서 귀를 기울이면 알에서 깨어나기 직전의 새끼가 알 속에서 삐악거리는 소리를 들을 수 있다. 한 알 속의 새끼가 삐악거리면 다른 알 속의 새끼가 마치 대답이라도 하는 듯 삐악거린다. 이렇게 새끼들은 어미와 서로 신호를 주고받는다. 하나가 알을 깨고 나오면 곧이어 다른 알에서도 잇달아 새끼들이 나온다. 갓 깨어난 새끼는 털이 축축하게 젖어 있다. 새끼들은 날개의 피부가 속이 들여다보일 정도로 얇다. 새끼들이 날개를 재빠르게 비벼서 솜털을 말리면 곧바로 뽀송뽀송해진다. 새끼의 머리는 검은색이지만 뺨은 하얗다. 새끼의 눈은 검은 머리 색깔과 비교할 수 없을 정도로 까만색이고 몸통은 회색이며 자동차의 후미등처럼 엉덩이 부분에 흰점이 나 있다.

　새끼들이 알에서 깨어 나오면 어미는 알껍데기를 먹어 부족한 칼슘을 보충한 후 움직이지 않고 가만히 있는다. 힘겹게 알을 깨고 나온 새끼들과 어미는 용암 구멍 안의 둥지에서 반나절 정도 휴식을 취하며 안전하게 보낸다. 그러고 나면 어미는 불안하게 꽥꽥거린다. 처음에는 조용히 일정한 리듬으로 울다가 조심스럽게 구멍 밖을 살펴본다. 구멍 밖에 아무런 위험이 없다는 것을 확인하면 어미새는 더 큰 소리로 꽥꽥거린다. 새끼들도 어미를 따라 덩달아 분주해지며 꼬리에 꼬리를 물고 차례로 둥지 밖으로 나온다. 둥지가 높은 바위 위에 있으면 새끼들은 차례로 뛰어내린다. 새끼들은 높은 바위나 곡물창고의 환기통에서 뛰어내리는 것을 하나도 무서워하지 않는다. 새끼들은 어설픈 날개를 활짝 펴고 밑으로 떨어져 깃털처럼 가볍게 땅 위로 가뿐히 내려온다. 이렇게 새끼들의 첫 나들이가 시작되는 것이다. 어미는 새끼들을 모두 데리고 호수나 강으로 열을 지어 간다. 그곳에 도착하면 새끼들은 얼마 지나지 않아 물속으로 들어간다. 새들은 도움닫기를 하듯 허공으로 폴짝 뛰었다가 가능한 한 깊이 물속으로 들어가고 다시 코르크 마개처럼 수면 위로 떠오른다. 새끼들의 이런 행동은 말할 필요도 없이 타고나는 것이다.

어린 북방흰뺨오리의 생애 첫 나들이에는 매우 많은 위험이 도사리고 있다. 미바튼에서 성장한 대부분의 사람들은 어린 시절 한 번쯤 어미를 잃고 길을 헤매는 가엾은 새끼오리를 본 기억이 있다. 어미 잃은 새끼오리가 집 안까지 들어오는 경우도 있으며 아이들은 오리를 키우거나 어미에게 데려다주려고 하지만 새끼오리를 구해주는 일이 쉽지 않다는 것을 알게 된다. 새끼오리들은 금방 죽어버리기 때문이다. 가능하면 빨리 좋은 먹잇감을 찾게 해주는 것이 새끼오리의 운명을 좌우한다. 새끼들은 어미가 자기들을 먹잇감을 찾기에 좋은 곳으로 데려다줄 것이라 믿고 있다. 때로는 호수를 둘러싸고 있는 위험한 도로를 건너는 일도 자주 일어난다. 도로 위의 차들은 시속 90km로 빨리 달리기 때문에 보잘것없이 작은 새끼오리들의 행렬을 발견할지라도 제때 제동할 수 없다. 봄에는 이러한 사정을 고려해서 자동차의 최고속도를 낮추는 것도 생각해볼 만한 일이다.

새끼 돌보기

새끼오리는 자립심이 매우 강해서 어미가 먹이를 주지 않아도 된다. 어미의 역할은 새끼들을 먹이가 많은 곳으로 데려다주고 따뜻하게 해주고, 새끼들에게 위험한 것을 알려주면 끝이다. 어미는 새끼들과 함께 호수나 강에서 최적의 장소를 찾으면 그곳에 자리를 잡고 다른 오리들을 다 쫓아낸다.

놀랍게도 새끼오리의 무리는 시간이 지나면서 점점 불어난다. 그 이유는 다른 둥지의 새끼들이 합류하기 때문이다. 열 마리 남짓하던 새끼오리 떼가 어느 사이 백 마리로 금방 늘어난다. 그러나 단한 마리의 어미오리가 새끼오리 떼를 돌본다. 왜 특정한 암컷만이 새끼를 돌보는 역할을 맡는지, 그리고 그 일을 암컷들이 서로 차지하려는 이유가 무엇인지는 지금까지 정확하게 밝혀지지 않았다. 그리고 암컷이 새끼들을 다 키운 후 죽는 이유도 명확하게 밝혀진 바가 없다. 다른 둥지의 새끼들이 많이 모인다고 해서 어미오리에게 특별히 좋은 점은 없다.

어느 해인가 서로 다른 새끼오리 떼가 섞이면 어떠한 일이 일어나는지를 정확히 연구한 적이 있었다. 모든 암컷 북방흰뺨오리의 다리에 플라스틱으로 만든 인식표를 끼워주었다. 인식표를 어느 정도의 거리에서 확인할 수 있기 때문에 각각의 새를 구별할 수 있었고 같은 오리가 처음부터 끝까지 새끼오리들을 돌보는지 아니면 암컷끼리 교대를 하는지 알아낼 수 있었다.

새끼오리가 둥지에서 나오면 대부분의 어미오리는 새끼들을 데리고 곧바로 호수에서 시작되는 락사우 강의 발원지로 간다. 락사우 강 발원지의 물속에는 모기의 유충과 같은 먹잇감이 아주 많기 때문에 이곳은 이 시기에 오리들이 가장 좋아하는 곳이다. 미바튼의 동쪽 호숫가에서 부화한 새끼들은 멀리는 10km가 넘는 거리를 헤엄쳐 호수를 가로질러 오고, 헬루바드 마을 근처인 발원지 아래쪽에서 부화한 새끼들은 어미와 함께 먹이의 천국을 찾아 약 3km 강을 거슬러 올라온다.

어미가 제일 먼저 강의 발원지에 도착하여 가장 좋은 자리를 잡는다. 이곳은 보통 미바튼 호수에서 락사우 강이 시작되는 곳이며 여기에 많은 모기유충이 있다. 오리들은 이곳을 선호하고 그곳에서 서식한다. 그러나 계속 다른 오리들이 몰려들어 서로 좋은 자리를 차지하려 싸우기 때문에 오리들의 평화가 오래 유지되지 않는다. 나중에 이곳으로 온 오리들은 미리 와서 자기 영역을 차지한 어미오리를 괴롭힌다. 때로 어떤 암컷은 서로의 충돌을 피하기 위하여 새끼들을 데리고 호숫가로 올라오거나 길가로 나간다. 그러나

세덤 아크레꽃

다른 오리의 영역을 가로질러 가는 것이 보통이며 이때 갖가지 일이 벌어진다. 서로 다투는 일이 자주 일어나며 새로 온 오리는 새끼들을 데리고 다른 곳으로 간다. 암컷들은 때로 서로의 깃털을 물어뜯으며 죽기 살기로 격렬하게 싸우기도 한다. 어미오리들의 싸움에 겁을 먹은 새끼들이 서로 옹기종기 모이면서 배다른 오리들이 섞이게 된다. 싸움이 끝나면 모든 새끼오리들은 미리 영역을 차지하고 있던 어미오리에게 간다. 즉 한 마리의 어미오리가 모든 새끼들을 차지하는 것이다. 그리고 새끼를 잃은 다른 어미오리는 그곳을 떠난다.

　30분 내지 한 시간 정도 인내심을 가지고 기다리면 싸움에서 지고 그곳을 떠났던 어미오리가 다시 돌아오는 것을 볼 수 있다. 그 오리는 새끼들 근처에서 마치 구멍 속 둥지에 있던 새끼들을 부르듯 꽥꽥거리며 크게 운다. 그러나 이미 자리를 차지한 다른 암컷은 이렇게 울고 있는 오리를 다시 쫓아내려 애쓴다. 이런 광경은 두 번 내지 세 번 반복적으로 벌어지지만 결국 이미 자리를 차지하고 있던 오리가 모든 새끼를 차지하고 만다. 물론 그 반대의 경우도 있다. 대부분 또는 모든 새끼오리가 영역을 침범한 어미오리에게 가서 함께 그곳을 떠나기도 한다. 그리고 그 어미오리는 새끼오리들을 데리고 새로운 영역에 자리를 잡는다. 이미 자리를 잡고 있다가 새끼들을 잃은 어미오리는 이삼일 홀로 자기 영역에서 머물며 계속 그 자리를 지키려고 싸우지만 다른 오리의 새끼들을 차지하지는 못한다.

그 어미오리는 점차 지배력을 잃게 되고 마침내 똑같은 처지에 있는 암컷 무리와 섞인다.

새로 온 오리는 자기에게 일어날 일에 대해 어느 정도 알 수 있는 능력이 있는 것처럼 보인다. 예를 들자면 그 오리는 이미 자리를 잡고 있던 다른 어미오리에게 갔을 때 자기 새끼들이 다시 돌아오지 않을 수 있음을 알고 있었을 것이다. 이러한 방식으로 어미오리는 남들이 알아채지 못하게 더 좋은 서식환경이 있는 곳으로 새끼들을 보내는 것이다. 어미오리들은 새끼들을 보호할 수 있는 한 이러한 시스템을 잘 이용하고 있다. 이를 분명히 증명할 수는 없지만 여러 정황들로 미루어 락사우 강의 발원지에서 새끼오리들을 교환하는 일이 자주 이루어지고 있음을 알 수 있다.

새끼오리를 맡게 된 어미는 무슨 일을 할까? 밤이 되면 어미는 새끼들을 품어 따뜻하게 해준다. 낮에는 새끼들을 여러 번 호숫가로 데려가서 편히 쉬게 한다. 그리고 새끼들을 날개로 감싸주기도 한다. 새끼의 무리가 너무 많아지면, 새끼들은 여러 무리로 나뉘어 어미 옆을 따라다닌다. 어미가 주로 하는 일은 항상 새끼들이 잘 먹을 수 있게 하는 것이다. 락사우 강의 발원지에는 모기유충이 수없이 많고 성장도 빠르다. 이 때문에 이 지역은 새끼들이 자라기에 가장 좋은 곳이다. 그러나 모기유충이 성충이 되면 강에서 날아가고 먹잇감도 사라진다. 지금까지 최고의 서식지를 차지하고 있던 암컷은 모기를 포기하고 다른 곳으로 영역을 옮긴다. 암컷에게는 두 가지의 가능성이 있는데 미바튼 쪽으로 올라가거나 강 하류 쪽으로 내려가는 것이다. 암컷이 하류 쪽으로 내려가기로 결정한 경우에는 강을 따라 서식지를 계속 아래로 옮겨야만 한다. 이전에는 두 번째로 좋았던 서식지가 이제 최고 좋은 서식지로 변하는 것이다. 본래 자기 영역을 지배했던 암컷은 일정한 거처가 없는 떠돌이 신세가 된다. 이러한 과정이 모기유충이 성충으로 변하는 과정과 함께 반복된다. 그리고 암컷은 일종의 뜀틀 넘기를 할 때처럼 강 하류 쪽으로 옮기는 습성이 있다. 처음에 새끼들과 함께 강의 상류지역에서 서식하던 어미오리는 자기의 영역을 떠나야 하고, 다른 암컷들이 자리를 잡고 있는 지역을 지나가야 한다. 결국은 가장 나쁜 서식지에 머물게 되는 것이다. 이러한 과정이 락사우 강의 발원지에서 아르나바튼 마을에 이르기까지 약 2km에 걸쳐 일어나며 경우에 따라서는 더 길어질 수도 있다.

끊임없이 변하는 상황은 어미오리로 하여금 먹이를 발견할 수 있는 좋은 곳을 계속 찾게 만든다. 이를 위해 어미오리는 대부분 한낮에 30분 내지 한 시간 동안 새끼들을 내버려 둔 채 혼자 다니기도 한다. 어미오리는 새끼들을 불러 모아놓고 서로 꼭 붙어 있으라고 단단히 일러준 후 새끼들이 볼 수 없는 곳까지 멀리 날아가 강의 다른 곳에서 열심히 물속을 들어갔다 나왔다 한다. 그동안 새끼들은 서로 꼭 붙어서 어미를 기다린다.

오리들의 처절한 싸움

새끼들은 수많은 위험에 노출될 수밖에 없다. 그리고 살아남기 위해 애를 쓰지만 많은 새끼들이 죽고 만다. 도로 위를 달리는 자동차, 항상 먹이를 노리는 검은등갈매기, 백송고리, 송어, 여름철의 눈사태, 부족한 먹잇감 등 도처에 많은 위험이 도사리고 있다. 그리고 때로는 전혀 예상치 못한 곳에 위험이 닥치는 경우도 있다. 그러한 한 가지 일화를 말하고자 한다.

아름답고 화창한 7월의 어느 날 나는 봄에 발견했던 "훌륭한 북방흰뺨오리의 서식지"를 찾아가 새끼오리들이 얼마나 자랐는지 보기 위해 락사우 강 하류 쪽으로 조깅을 하고 있었다. 오리들의 짝짓기 시기가 되면 북방흰뺨오리 수컷이 암컷과 함께 자기 영역을 지키면서 다른 수컷들을 이상한 몸짓으로 쫓아내는 모습은 정말 신기하다. 그런 수컷을 보며 암컷은 매우 만족한 듯이 자기 일을 열심히 한다. 수컷은 앞으로 내민 머리를 수면 위에 대고 빠른 속도로 다른 수컷에게 달려들어 눈에 보이지 않는 경계선 밖으로 쫓아낸다. 대부분의 경우에 남의 영역을 침범한 수컷은 도망을 친다. 암컷은 자기 짝에게 특이한 모습으로 인사를 하면서 칭찬해준다. 이곳에서 중요한 것은 짝을 지은 한 쌍의 오리가 가장 좋은 영역을 차지하는 것이다. 오리의 영역은 비교적 잘 구분이 되어 있어서 서로의 영역을 지키는 것이 어렵지 않다. 아마도 세상에서 이 지역보다 모기유충이 많은 곳은 없을 것이다. 이 때문에 많은 오리들이 이곳으로 몰려들고, 또 이곳이 오리들이 가장 왕성하게 살 수 있는 곳임을 알 수 있다. 나는 이러한 이유로 인해 이 지역의 새끼오리에게 많은 흥미를 느낀다.

강으로 향하는 오솔길은 풀이 무성하게 자란 분화구와 용암계곡을 휘감고 지나서 갈대로 둘러싸이고 여름이면 물이 다 말라버리는 습지 옆을 지나 작은 산을 넘고 다시 산 아래로 이어진다. 너도부추, 줄기가 없는 끈끈이주걱, 무성한 꽃다발처럼 피는 양지꽃, 알프스 짐나도나물, 뻣뻣한 부지깽이나물이 주변의 들판에 아름답게 피어 있다. 그리고 오솔길은 완만한 곡선을 그리며 호수로 향한다. 그곳에 이르면 사람들은 오리들의 호화로운 서식지를 볼 수 있다. 나는 도착하자마자 여러 마리의 새끼를 데리고 있는 암컷을 보았다. 새끼들은 엄마 옆에 꼭 달라붙어 있었고 새끼들 근처에 아비새 한 마리가 있었다. 아비새는 강에서 뭘 하고 있는 걸까? 도와줘요, 지금 위험해요! 새끼오리들은 안전하게 어미에게 가까이 가서는 동시에 서로 바짝 붙었다. 여러 번을 세어보니 새끼가 마흔두 마리였다. 그 어미오리도 역시 다른 여러 마리 어미오리의 새끼들을 넘겨받은 것이 분명했다. 아니면 이곳이 서식하기 가장 좋은 곳이기 때문에 다른 어미오리들이 새끼들을 두고 갔는지도 모른다.

어미 북방흰뺨오리는 호수 건너편을 향해 물을 거슬러 서식지의 위쪽 가장자리에 있는 강폭이 넓고 물살이 약한 곳으로 헤엄쳐간다. 아비새는 멀리 날아가 물속에 들어갔다가 탁 트인 호수 위로 다시 나와서 유유히 움직인다. 어미오리는 새끼들을 데리고 먹이가 많은 곳에 이르면 새끼들의 감시를 느슨하게 풀어주면서 새끼들이 물속에 들어가 맛있는 모기유충을 많이 먹을 수 있게 해준다. 알에서 갓 깨어난 새끼오리보다 더 깜찍하고 예쁜 것이 세상에 또 어디 있으랴! 새끼들은 이리저리 바쁘게 왔다 갔다 하면서 뽐내듯이 가슴을 위로 들어 올렸다가 다시 물속으로 들어간다. 열심히 물속에서 먹이를 찾은 새끼오리는 코르크 병마개처럼 다시 물 위로 떠오른다. 그리고 다 같이 커다란 무리를 이뤄 수퍼맘과 같은 어미와 함께 이리저리 헤엄쳐 다닌다. 그칠 줄 모르고 윙윙거리는 모기 소리가 새끼오리들의 삐악거림과 뒤섞이고 가장 무서운 존재인 아비새는 마침내 멀리 사라진다.

그렇다고 위험이 다 사라진 것은 아니다. 호수의 작은 곳에 또 다른 북방흰뺨오리 암컷이 나타난 것이다. 이 오리는 날쌔게 날아와 위협적으로 목을 길게 빼면서 수퍼맘 어미오리에게 달려든다. 이 암컷은 반쯤 자란 한 마리의 새끼오리만 데리고 있다. 그 새끼오리는 무리 지어 있는 다른 새끼들과 일정한 간격을 두고 떨어져 있으며 크기가 다른 새끼들보다 두 배는 컸다. 그리고 다른 새끼들에 비해 무언가 서투른 것이 많아 보였다. 수퍼맘 어미오리는 뒤로 조금 물러나면서 마치 아무 일도 아니라는 듯 다른 오리의 공격을 무시해버리고 모기유충을 잡아먹으며 새끼들을 돌보는 일에만 몰두한다. 그렇다고 새로 온 오리가 쉽게 물러서지도 않는다. 다른 오리의 영역을 침범한 그 오리는 처음보다 더 강하게 다시 한 번 공격을 시도한다. 그러나 현명한 수퍼맘은 침입자 오리의 시비에 말려들지 않는다. 수퍼맘 오리는 물속 깊이 들어갔다가 조금 떨어진 곳으로 다시 떠오른다.

나는 그 끔찍한 일이 일어나는 동안 멍하니 바라볼 수밖에 없었다. 순식간에 나는 아무런 손도 쓰지 못하고 엄청난 사건의 목격자가 된 것이었다. 침입자 오리가 새끼오리 가운데 한 마리를 물고 흔들어대더니 물속을 여러 번 들어갔다 나왔고 결국 새끼오리는 완전히 정신을 잃고 말았다. 이어 새끼오리를 격렬하게 쪼아대자 새끼오리는 물갈퀴를 하늘로 향한 채 죽었다. 두 마리의 오리는 물살을 따라 호수의 곶을 돌아 떠내려갔다. 눈앞에서 순식간에 일어난 일을 보고 나는 숨이 막힐 지경이었다. 마침내 침입자 오리는 죽은 새끼오리를 입에 물고 곶 앞의 수면 위로 떠올라 새끼오리 무리 가운데로 내던졌다. "자, 네 새끼를 돌려줄게!"라고 말하기라도 하는 것 같았고 동시에 수퍼맘 오리를 분노에 찬 눈초리로 바라보았다. 그러나 수퍼맘 오리는 아무 일도 일어나지 않은 것처럼 행동했고 나는 수퍼맘 오리가 왜 침입자를 공격하지 않는지 이해할 수 없었다. 수퍼맘 오리는 침입자 오리와 싸워 더 많은 위험에 처하기보다 다른 새끼오리들을 보호하는 쪽이 훨씬 낫다고 생각하고 있는 듯했다. 그러나 난폭한 침입자 오리는 또다시 공격을 했고 다른 새끼 한 마리를 물었다. 나는 그 광경을 차마 눈 뜨고 볼 수 없었고 눈

물이 흘러내렸다. 또다시 침입자 오리는 얼마 가진 못했지만 용감하게 저항하던 새끼오리를 죽을 때까지 쪼아댔다. 그리고 죽은 새끼오리를 어떤 오리도 차지하지 않은 영역으로 내던져버렸다. 반쯤 자란 새끼오리는 멀찌감치 떨어진 곳에서 자기 엄마의 잔혹한 행동을 보고 있었다. 수퍼맘 오리는 그것으로 끝이라 생각했는지 새끼들을 몰고 하류 쪽으로 내려갔다. 나는 새끼오리를 다시 한 번 세었다. 숫자가 맞았다. 이제 새끼오리는 마흔두 마리에서 마흔 마리로 줄어든 것이다. 이같이 험한 세상에서 새끼오리는 몇 마리나 살아남을 수 있을까? 작은 오리들의 험난한 삶은 부족한 먹이와 험한 날씨뿐 아니라 다른 오리, 더구나 다른 어미오리들에 의한 것이다.

아주 좋은 곳에서 산다는 것은 어쩌면 단점이 될 수도 있다. 수많은 어린 새끼들을 키워내야 하고, 그 가운데 질투와 증오만이 난무한다. 그런데 봄에 자기 짝을 열심히 보호하며 자기 영역을 지켰던 수컷들은 다 어디로 갔을까? 수컷들은 호수에서 자기들끼리 모여 지내는 데 만족하고 새끼들의 성장에는 관심을 두지 않는다. 나는 오리들의 습성이 잘못된 방향으로 흘렀다는 생각을 떨쳐버릴 수 없었다. 힘이 넘치고 건강한 수컷 오리가 자기 짝과 새끼 돌보는 일을 맡았으면 얼마나 좋았을까.

이러한 위험을 극복한 새끼 북방흰뺨오리들은 초가을이 되면 다른 새끼오리들처럼 독립한다. 암컷과 수컷의 가장 큰 차이점은 새끼오리일 때 금방 알아챌 수 있다. 수컷 새끼오리는 빨리 서열상 높은 곳을 차지하기 위해 모든 에너지를 몸이 자라는 데 쓰는 반면 암컷 새끼오리는 날개의 성장에 집중하여 수컷에 비해 더 빨리 독립한다.

그리고 나면 춥고 긴 겨울이 온다. 추운 겨울에 어린 오리들은 어떻게 지낼까? 이들은 또 무얼 먹고 사는 것일까? 세월이 흐르면서 새로운 종의 모기인 먹파리가 락사우 강에 서식하게 되었다. 호수 바닥이 살찐 유충들로 뒤덮여 있는데 왜 오리들은 이곳에서 겨울을 보내지 않는 걸까? 사람들은 미바튼 호수 쪽을 향해 더 올라갈 수 있다. 미바튼 호수에는 일 년 내내 일정한 온도를 유지하는 샘물이 있기 때문이다. 그곳은 겨울에도 얼음이 얼지 않는다. 그리고 많은 사람들이 스바르타우르바튼, 베이디뵈튼, 아파바튼으로 옮기거나 소기드 온천과 스카프타우렐 용암지대 주변의 못으로 이주한다.

그다음 해가 시작되면 새끼들은 뿔뿔이 흩어진다. 어미오리들은 가장 좋은 부화 장소를 찾느라 바빠서 새끼들을 더 이상 돌볼 수 없기 때문이다. 새끼오리들은 가을이 오면 화려한 모습의 어른으로 성장하고 몸에는 흰색 무늬가 나타난다. 이제 그들도 자신들의 경쟁자를 향하여 노란색의 눈을 똑바로 뜨고 짝짓기를 기다린다.

부화 지역

미바튼 사람들은 신기한 음식문화를 가지고 있다. 그들은 곤오리알을 먹는다. 다른 사람들에게는 곤오리알이 역겨울지 모르겠지만 이들에게는 별미이다. 그만큼 곤오리알은 미바튼 사람들에겐 특별한 음식이다. 어느 해 겨울 북유럽의 신들을 위한 전통적 제사의식인 쏘라블로트 축제에 갔을 때였다. 지금은 먹는 사람이 많이 줄어들긴 했지만, 그들만의 문화에 자부심을 갖고 있던 미바튼 사람들은 손님들에게 곤오리알을 권했다. 대부분은 심한 거부감을 보이면서 절대로 맛보려 하지 않았다. 그러나 그들을 믿고 먹어본 사람들은 강한 맛이 나는 프랑스 치즈 맛과 비슷하다고 말한다.

미바튼과 락사우 강, 그리고 그 주변 지역은 사람들이 이주하여 살 때부터 매우 훌륭한 먹거리를 제공했다. 그리고 19세기 중반까지 오리알 사냥은 이 지역 사람들에게 삶의 중요한 일부였다. 중세시대 농가를 발굴하다 보면 알껍데기가 나오는데 이로써 그때부터 사람들이 오리알을 주워다 먹었다는 사실을 알 수 있다.

옛날의 전통

2000년도에 스쿠투스타디르 마을에 초등학교가 새로 생겼다. 아이들은 옛날 사람들이 오리의 부화 지역을 어떻게 이용했는지 궁금했는데 그 가운데서도 그림스타디르의 바트나르 헬가손, 카울파스트뢴드의 아우두르 이스펠드스도티르와 많은 이야기를 나누었다.

바트나르와 아우두르는 날씨에 따라 오리알을 수집하는 시기가 매우 달랐다고 말했다. 5월 20일쯤 시작해서 6월 중순까지 사람들은 오리알을 주워오는데 사나흘의 간격을 두고 각 지역을 돌아다닌다. 비가 오는 날에는 오리알을 주우러 나가지 않는데 그 이유는 오리가 둥지를 떠나버리거나 솜털이 젖으면 알이 차가워져 어미가 둥지를 떠나지 않기 때문이었다. 오리알은 주로 동네 사람들이 주웠는데 가끔은 외지 사람들이 재미 삼아 줍기도 했다. 아이들은 견진성사를 받을 나이가 되어서야 오리알 줍기가 허락되었다.

봄이 되면 사람들은 시기를 맞추어 부화 지역으로 가서 오리들이 나타나기 전에 둥지 틀 자리를 미리 준비해두었다. 오리알을 주울 때는 규칙이 있었는데 항상 한 둥지에 최소한 네 개의 알을 남겨두는 것이었다. 한 번에 낳아놓은 알이 다섯 개인 둥지에서 꺼내올 수 있는 알은 한 개뿐인 것이다. 북방흰뺨오리의 알을 주워오기는 더 힘들었다. 이 오리들은 드물게 나타났고 침입자들에게 매우 민감하게 반응했기 때문이다. 둥지에 많은 솜털이 있으면 사람들은 그 둥지의 알을 꺼내왔고 여름이 되어 어미가 둥지를 떠나는 부화기의 끝 무렵에는 둥지에 있는 알을 그대로 두었다. 오리의 솜털은 마른 풀과 풀에 달라붙은 오염물질 때문에 질이 아주 다르다. 그리고 오리의 종류에 따라서 솜털의 질이 다양하다. 일반적으로 청둥오리, 쇠오리, 고방오리, 긴꼬리오리가 알을 먼저 낳고 홍머리오리, 댕기흰죽지, 북방흰뺨오리, 검은머리흰죽지가 그다음에 알을 낳으며, 바다비오리가 가장 늦게 알을 낳는다. 주로 손으로 알을 수집하고, 둥지가 깊은 구멍 안에 있을 경우엔 뜰채 같은 것을 이용한다. 사람들은 직접 말린 나뭇가지로 만든, 특히 북극 버드나무로 만든 바구니에 알을 담는다.

　오리알을 제대로 먹기 위해서는 예전에도 지금과 똑같은 문제가 있었다. 바로 어떻게 보관하느냐는 것이었다. 보관방법에 따라 알의 맛이 달라지기 때문이다. 사람들은 갓 주워온 알을 칼슘과, 알이 수면 위로 둥둥 떠오를 정도의 소금을 섞은 물에 보관했다. 이 외에 신선한 알을 데쳐서 보관하기도 했는데, 천으로 알을 싸서 약 10초 동안 끓는 물에 넣었다가 곧바로 종이에 싼 뒤 차가운 곳에 있는 궤짝에 보관한다. 이렇게 하면 오리알을 겨울 내내 먹을 수 있다. 이밖에도 스쿠투스타디르 마을의 게르두르 베네딕츠스도티르는 자기가 살던 곳에서는 필요한 경우 언제든 많은 오리알을 주울 수 있었다고 말했다. 그리고 오리알을 보관하고 싶으면 호밀가루로 간단하게 덮어놓으면 된다고 했다. 지금은 오리알을 보관하는 데 아무런 문제가 없다. 알을 깨서 노른자와 흰자를 섞은 뒤 비닐봉지에 넣어 냉동시키면 끝이다. 이렇게 냉동시킨 오리알은 프라이를 해 먹거나 빵을 구울 때 사용한다.

　부화가 시작된 알 속에선 이미 병아리가 자라난다. 사람들은 이런 알을 습기가 없는 재 속에 넣어 겨울이 올 때까지 발효되기를 기다린다. 곤오리알은 이런 방법으로 만들어진다.

효르디스와 함께 오리알 줍기

이 지역에 있는 오리알의 부화 장소는 전과 같지는 않지만 여전히 잘 이용되고 있다. 6월 초의 어느 날 나는 게이라스타디르 마을에 사는 효르디스 핀보가도티르의 집을 방문했다. 그녀는 막 북방흰뺨오리의 부화 장소로 가려던 참이었다. 효르디스의 집안은 3대에 걸쳐 이 마을에 살았고 그녀는 어렸을 때 할머니인 크리스트브외르그를 따라 오리알을 주우러 다녔다. 그녀의 어린 동생이 그녀보다 너 많은 알을 주우려고 했기 때문에 서로 경쟁이 심했었다고 한다. 할머니는 그때 이미 연세가 많아 허리를 굽히기도 힘들었고 새의 둥지가 있는 작은 구멍에 북방흰뺨오리의 알이 있는지 확인하기위해 들여다보기도 쉽지 않아서 손주들과 함께 가기를 좋아했다. 그러나 두 아이를 다 데리고 가기가 힘에 부쳤기 때문에 할머니는 항상 한 아이만 데리고 다니셨다. 북방흰뺨오리의 둥지가 있는 모든 구멍을 알고 있었고 오리알 줍기를 좋아했던 크리스트브외르그 할머니는 좀처럼 마을 밖으론 나가지 않았는데, 단 한 번 후자비크에 있는 병원에 가기 위해 마을 밖을 나섰다가 도중에 돌아가셨다.

할머니는 오리알 줍는 법을 게이라스타디르에 살았던 그녀의 할아버지와 할머니에게 배웠다. 크리스트브외르그는 형제자매가 많았는데 1900년 무렵 모든 형제자매들이 미바튼 지역의 다른 농가로 떠났다. 당시만 하더라도 대부분의 지주들은 소작농에게 토지를 맡겼다. 이 때문에 농부들은 아이들 그리고 양 떼와 함께 이 마을 저 마을로 자주 이사를 다녀야 했다. 그러던 중 마침내 크리스트브외르그 할머니의 가족은 게이라스타디르에 정착했는데 지금까지도 그 집에는 효르디스의 증조할머니가 쓰던 물건을 넣어 이곳저곳 떠돌아다녔던 이사용 궤짝이 놓여 있다.

오리를 너무나 좋아했던 크리스트브외르그 할머니는 오리에 관한 많은 것을 알고 있었다. 할머니는 오리마다 어디에 둥지를 틀어 놓는지조차 샅샅이 꿰고 있었다. 오리마다의 특성을 구분하여 각각 오리들이 어떠한 행동을 보이는지도 알았다. 할머니는 집에서 소 돌보는 일을 맡고 있었고, 효르디스는 할머니가 소들과 마찬가지로 북방흰뺨오리를 잘 다룬다는 것을 알게 되었다. 북방흰뺨오리는 알을 많이 낳는데 새끼오리들이 잘 자랄 수 있도록 세심하게 돌본다. 그런가 하면 둥지를 돌보지 않고 알도 부화시키지 않는 새들

넓적부리오리

또한 있다. 이런 새들은 크리스트브외르그 할머니의 신경을 거슬리게 하는 나쁜 소와 비슷했다.

나는 효르디스와 함께 락사우 강 발원지의 거센 물결로 둘러싸여 있는 헬게이 섬의 부화 지역을 살펴보고 싶었다. 이곳은 게이라스타디스 지역에 속해 있다. 차가운 바람이 불었지만 비가 오지 않는 한 효르디스의 고집을 꺾지 못했다. 둥지에 있던 오리를 쫓아버리고 알을 꺼내오려면 둥지에 솜털을 펼쳐놓아야 한다. 그러나 비가 오면 솜털이 젖게 되고 알들의 온도를 유지하기 어렵다. 용암지대의 구멍 속에 있는 북방흰뺨오리의 둥지로 가까이 가자 효르디스는 오리들과 대화를 나누었고 어떤 오리들은 그녀의 등을 가볍게 스쳐갈 정도로 그녀에게 친근함을 보였다. 그런 모습은 그녀의 할머니와 똑같았다. 북방흰뺨오리가 효르디스를 알아보고 있는 것이 분명했다. 오리들은 효르디스를 보고도 전혀 동요하지 않고 얌전하게 굴었다. 효르디스는 사람들이 오리를 놀라게 하지 않기 위해서는 그들과 대화를 해야만 한다고 믿었다. 오리들은 아무 말도 않고 자기들에게 접근하는 사람을 경계한다. 목소리와 억양은 다른 동물과 마찬가지로 오리들에게 많은 것을 전달해줄 뿐 아니라 오리들도 사람들의 목소리를 구분할 줄 안다.

우리는 알이 있는 둥지로 가까이 갔다. 하얀 솜털이 알들을 잘 덮고 있었다. 그러나 어미오리는 먹이를 찾아 나가고 없었다. 북방흰뺨오리는 아주 일찍 알을 낳고 부화도 빨리 시킨다고 효르디스가 말했다. 그러면서 작년에는 예외였는데 자기도 그 이유를 자세히 모르겠다고 했다. 그녀는 솜털을 걷어내고 몇 개의 알이 있는지 확인하기 위하여 뜰채를 구멍 속으로 집어넣으며 아마도 먹잇감이 부족해서 그랬을 것이라고 말했다. 알은 다섯 개였다. 솜털로 꼼꼼하게 알을 쌓아놓은 아주 잘 만들어진 둥지가 놀랍지 않으냐고 그녀가 물었다. 그날은 오리들이 낮 동안 긴 휴식을 취할 정도로 더운 날이었다. 둥지에 있는 알이 다섯 개뿐이라서 효르디스는 그곳의 알을 하나도 꺼내지 않았다. 최소한 다섯 개의 알을 남겨놓는 것이 그녀의 철칙이었다.

효르디스가 어떤 둥지를 살펴보았는지 메모장에 기록하는 동안 나는 맑고 당당하게 락사우르달루르 방향으로 흐르는 강을 바라보았다. 흰줄박이오리가 쏜살같이 날아가는 모습을 보는 것은 정말 즐거운 일이었다. 이 오리들은 겁 없는 아드레날린 중독자처럼 흐르는 강물 속으로 계속해서 몸을 던졌다. 흰줄박이오리의 이러한 행동이 커다란 재미를 가져다줄 것이 틀림없기 때문에 나는 오리로 태어난다면 흰줄박이오리가 되었을 것이라고 상상해보았다. 어느 자연과학 교과서에 흰줄박이오리가 아이슬란드에서 가장 아름다운 새라고 나와 있는 걸 본 적이 있다. 오리 가운데 흰줄박이오리는 정말 화려한 새이다. 옆구리는 적갈색에 흰색의 반점과 줄무늬가 있고 광채 나는 푸른색은 흰 거품을 내며 흐르는 물살과 조화를 이룬다. 이 오리는 화려한 색채를 뽐내면서도 주변의 환경과 잘

알락오리

어울린다. 겨울이 되면 바다로 이동하여 파도가 많기는 하지만 너무 높게 일지 않는 피오르드 해변에서 지낸다. 그곳 사람들은 이 새에게 파도갈매기라는 멋진 이름을 붙여주었다. 이 새의 생애는 봄에 강을 거슬러 올라가는 연어와 비슷하며 육지 위로는 거의 날지 않는다. 이 새가 강의 상류로 이동할 때면 강물의 굽이를 따라 날면서 북방흰뺨오리처럼 다리 위를 지나지 않고 항상 다리 밑으로 통과한다. 이 새들은 어디로 가야 할지를 분명히 알고 있기 때문에 한눈을 팔지 않고 서두르지도 않는다. 흰줄박이오리는 자기가 성장한 곳을 잘 알고 있다. 락사우 강가에 세계에서 가장 큰 흰줄박이오리의 부화 장소가 있다.

효르디스가 일을 마치자 나는 그녀와 흰줄박이오리에 관한 대화를 나누었다. 그녀가 일러주기를, 흰줄박이오리는 다른 새들의 공격을 피하기 위해 보통 풀숲이나 강변의 모서리에 있는 구멍 하나에 서너 개의 둥지를 만들고, 아주 드물게 평지에 둥지를 튼다고 했다. 흰줄박이오리의 특별한 점은 다른 오리들과 다르게 자기 몸집에 비해 큰 알을 낳고 갓 태어난 새끼들도 제법 많이 자라 있다는 사실이다. 이 새들은 알에서 깨어나자마자 거센 물살이 이는 강 속으로 들어가 먹잇감을 찾아야 하기 때문이다. 다행히도 흰줄박이오리는 엄격한 보호종에 속하며 이 때문에 알도 손댈 수 없다.

우리는 다시 아름다운 용암바위에 있는 둥지를 찾아갔다. 그리고 암컷 한 마리가 아주 영리하게 그곳의 제일 안전한 곳에 둥지를 만들어놓은 것을 보고 감탄했다. 효르디스는 새들이 둥지 만들 장소를 찾을 때 가장 중요하게 여기는 것은 큰까마귀가 접근할 수 없는 곳이라고 말했다. 인간은 물론 말할 것도 없지만 큰까마귀는 오리들의 가장 무서운 천적이다. 우리는 오리알을 주우며 매우 조심스럽게 움직였다. 효르디스는 북방흰뺨오리가 더 이상 알을 부화하지 않을 것 같으면 그 알을 다 가지고 왔다고 미안한 듯이 말했다. 새의 개체수는 여러 해 동안 줄어들었지만 지금은 상황이 눈에 띄게 좋아졌다.

우리는 오솔길을 따라 동화 속 나라와 같은 지역을 계속 지나가며 용암바위에 난 구멍 속 둥지 앞에서 발을 멈추었다. 효르디스는 남쪽으로 더 가면 북방흰뺨오리의 둥지가 있는 용암지역이 나타난다고 말했다. 그곳은 절대로 큰까마귀의 공격을 받지 않는 아주 안전한 곳이라고 했다. 한번은 바다비오리가 북방흰뺨오리의 둥지를 파 뒤집고 거기에 자신의 둥지를 만들었다고 한다. 그러면서 최근 들어 전에 없던 일들이 벌어지고 있는데 용암지대가 온통 양들의 배설물로 더러워졌다고 했다. 이 광경을 보고 그녀는 옆집에 사는 바그브레카 출신의 농부 에길에게 전화를 걸어 도움을 청할 수밖에 없었다. "에길 씨, 이곳이 지금 더 이상 사람이 살 수 없을 정도로 오염되고 있어요! 양의 똥으로 말이죠." 곧이어 효르디스는 갑작스럽게 닥친 악천후로 에길이 양들을 구하러 찾아 나섰다는 사실을 알게 되었다. 오십여 마리의 양들이 악천후를 만나고 있었던 것이다. 에길은 양들을 안전지대로 데려왔으며, 효르디스는 용암지역에서 일어났던 이 이야기를 듣고 에길을 위로해주었다.

우리는 용암지역에 있는 한 구멍을 향해 갔다. 그곳에 무언가가 있다며 효르디스는 신이 나서 말했다. 그녀는 무릎을 꿇고 앉아 구멍 안을 들여다보더니 다시 흥분했다. "봐요, 여기에 뭔가가 있어요!" 구멍을 들여다보니 알이 보였다. 모두 아홉 개였다. 이 시기에는 호르몬의 변화 때문에 깃털이 많이 빠지는데 이 때문에 오리의 몸이 가벼워진다. 여기에는 두 가지 이유가 있는데 하나는 체온의 발산을 적게 하는 것이고, 다른 하나는 알을 더 따뜻하게 하면서 알 전체를 따뜻하게 감쌀 수 있기 때문이다. 그 오리는 아직 알들을 품고 있지 않았다. 둥지 안에는 오래된 솜털과 풀이 마련되어 있었다.

우리는 아르나르밸리라고 불리는 용암언덕 위에 있는 독수리집에 도착했다. 흰꼬리독수리가 바닷물 속으로 향한 절벽 위에 알을 까고 있었다. 크리스트브외르그의 남편 스테판 할아버지는 이곳 게이라스타디르에서 태어나 자랐고 그의 부모도 여기에서 살았다. 그들을 이어 효르디스의 부모가 이곳으로 왔다. 스테판의 기억에 따르면 흰꼬리독수리가 이곳에 둥지를 틀고 산 것은 1910년 무렵이라고 했다. 스테판이 태어난 해는 1890년이었다. 사람들은 이곳을 아르나르밸리*라고 불렀다. 이곳의 남쪽엔 작은 독수리계곡이라는 뜻의 리틀라 아르나르밸리가 있다. 우리는 세찬 바람을 맞으며 그

---

* 아르나르는 독수리, 밸리는 계곡을 뜻함

쪽으로 힘겹게 걸어갔다. 새들이 서식하기 적당한 언덕이었는데 그 곳에는 북방흰뺨오리의 둥지가 하나도 없었다. 검은머리흰죽지의 둥지가 드문드문 있을 뿐이라고 효르디스가 말했다. 그러나 검은머 리흰죽지는 아직 둥지를 틀지 않고 있었다. 그런데도 우리는 눈을 크게 뜨고 주변을 살펴보았다.

"저길 좀 봐요, 북방흰뺨오리가 몇 마리 보여요. 수컷도 몇 마리 있고요. 저쪽에 또 한 마리가 있네요. 여기 어딘가 암컷이 둥지 안 에 있는 게 분명해요." 효르디스가 말하면서 강 아래쪽을 가리켰 다. 그녀는 손바닥 들여다보듯 자세히 알고 있었다. 우리는 근처의 둥지 구멍에 있을 한 쌍의 오리를 찾아보았다. 조금 떨어진 곳에서 한 쌍의 원앙새가 보였고 그 근처 호숫가에 바다비오리가 앉아 햇 볕을 쬐고 있었다. 긴꼬리오리 수컷 한 마리가 아름답게 지저귀는 소리가 들렸다. 효르디스는 수컷 긴꼬리오리를 향하여 "가여운 것, 왜 너 혼자 여기 있는 거니? 네 짝은 어디에 두고? 여기서 뭘 그렇게 하고 있는 거야?"라고 말했다. 하지만 대꾸가 있을 리 없었고 그 새 는 우리가 눈에 보이지 않는 요정이라도 되는 듯 자기 일에만 열중 했다.

효르디스가 어렸을 때 할머니를 따라 부화 지역을 쫓아다닌 것 은 재미 때문이었을까? 아니면 그녀에게 힘든 의무였을까? 아마도 신나는 모험과 같았을 것이다. 텔레비전도 컴퓨터게임도 없던 그때 그 시절 아이들은 집에서 조용히 집안일을 도우며 얌전히 있어야만 했다. 할머니는 소를 키우면서 아침이면 젖을 짜고 가족들 모두를 위해 음식을 만들었고 그러다 보면 마침내 오리알을 줍는 시기가 돌아왔다. 이 일 때문에 할머니는 늦은 저녁까지 소젖을 짜야만 했다. 그때는 지금과 달리 모든 일을 서두를 필요가 없었다. 할머니는 서두르는 법이 없었다. 소들과 대화를 나누고 오리들과도 마찬가지였다. 오리들은 할머니를 잘 따랐다.

효르디스는 옛날 일을 떠올리다가 갑자기 말을 멈추고 땅바닥을 가리켰다. "여기에 새들이 자주 둥지를 틀었던 구멍 두 개가 있어요. 작년에도 두 구멍에 모두 새 둥지가 있었지요. 하지만 지금은 하나도 없네요." 그녀는 무릎을 구부리고 앉아 막대기를 구멍에 밀어 넣어 둥지가 있는지 확인했다. 나는 효르디스의 할머니도 그런 막대기를 들고 다녔는지 궁금했다. "할머니는 항상 뜰채 세 개를 가지고 다녔어요. 그중 하나는 작은 국자처럼 생겼었는데 할머니는 그걸 국자라고 불렀어요. 그리고 그보다 더 긴 것 하나와, 아주 깊은 구멍까지 집어넣을 수 있는 제일 큰 뜰채가 있었어요."

그녀는 잠시 발걸음을 멈추고 구멍 안을 들여다보더니 투덜거리는 목소리로 말했다. "이런 젠장, 새들이 제정신이 아니야. 이렇게 좋은 자리에 둥지를 만들지 않다니……." 나는 오리들 편을 들면서 말했다. "아마도 금년 봄 날씨가 너무 추워서 오리들이 알을 낳는 게 좀 늦어지는 것 아닐까요?" 그러나 효르디스의 생각은 달랐다. 그녀는 이 구멍이 가장 안전한 곳이며 천적들의 공격도 피할 수 있고 호수도 아주 가까이에 있다고 했다. 오리들이 아직까지도 이곳에 둥지를 틀지 않은 것이 이상한 일이라고 했다. 그러면서 오리들도 사람들처럼 어리석은 오리들이 많다고 했다.

그해 봄은 정말 예년과는 비교할 수 없을 정도로 추웠다. 주변을 둘러보니 뒤쪽으로는 아직도 녹지 않은 눈밭이 펼쳐져 있었다. 눈도 녹지 않았는데 오리들이 알을 낳는다는 것은 이상한 일이었다. 최근에 기온이 20도까지 오른 적이 있지만 벌판에 쌓인 눈은 녹지 않고 여전했다.

효르디스가 어렸을 때 오리알은 주워오자마자 먹거나 빵을 굽는 데 사용했다. 그 후에 사람들은 재미 삼아 오리알을 발효시켰다. 그리고 그것이 오늘날과 같은 곤오리알이 되었다. 그녀는 곤오리알이 특별히 맛있다고 생각하지는 않지만 그렇다고 꺼리지도 않는다. 우리는 이제 락사우 강 가까이에 도착했다. 락사우 강의 흐르는 물소리는 서로 대화를 이해하지 못하고 귀가 먹먹해질 정도로 컸다. 그림 같은 북방흰뺨오리 떼가 바람을 피해 게이라스타디르 마을의 농가 앞에 옹기종기 모여 있었다. 나는 그 모습을 보고 반하여 꼼짝할 수 없었다. 낮고 평평하게 지어진 농가는 호숫가에 아늑하게 들어서 있었고 그 모습이 잔잔한 호수 위에 비쳤다. 농가는 용암바위와 나무들로 반쯤 둘러싸여 있었고 지붕이 녹색이었는데 그 모습이 주변의 경치와 너무나 잘 어울렸다. 북쪽으로는 벨크야르프얄이 산허리를 삐죽이 내밀고 있고 남쪽엔 젤란다프얄이다. 날씨가 좋을 때면 그 뒤로 외드란드가 보인다. 효르디스의 아버지 핀보기는 옛집에 살고 있으며 효르디스와 두 남동생은 분가하여 논브야르그에 집을 짓고 살고 있다.

집으로 돌아오자 효르디스는 댕기흰죽지 알로 슈크림빵 구울 준비를 했다. 나는 검둥오리의 알을 맛본 후 슈크림빵 만드는 일을 거들었다. 그 빵은 아주 색다른 맛이었다. 오리알 때문이기도 하겠지만 설탕, 휘핑크림, 블루베리, 딸기가 들어간 특별한 빵이었다.

모 기

미바튼의 말이 고삐에 매여 있을 때 갈기를 흔들거나 꼬리로 몸을 치면 먹파리*가 몸에 붙어 있음을 알 수 있다. 여러 해 동안 나는 옆집에 있는 늙은 말을 관찰한 적이 있다. 그 집엔 그 말 한 마리뿐이었는데 이름이 오페이구르였다. 오페이구르는 먹파리 감지기와 같았으며 이 말이 어디 있느냐에 따라 먹파리의 출현을 알 수 있었다. 말이 분화구 주변에 있는 평지에서 풀을 뜯고 있으면 분명히 그 주변에는 먹파리가 없음을 말한다. 말이 비탈에 서 있으면 사람들은 산책 나갈 때 먹파리의 공격을 막을 만한 도구를 챙겨야만 한다. 그리고 순한 오페이구르가 분화구의 정상에 있으면 비록 구름 한 점 없는 날이라 할지라도 집안일을 하는 편이 훨씬 낫다는 것을 의미했다.

미바튼에서는 모기**들이 폐쇄된 공간에 갇히지 않도록 보잘것없고 짜증나는 곤충에게 특별한 관심을 기울여야 한다. 모기들은 떼를 지어 창과 창틀로 몰려들지만 집 안으로는 들어오지 못한다. 옛날 어느 학교에 야심찬 목표를 세웠던 훌륭한 선생님이 있었는데 그녀는 죽은 모기가 창틀에 있는 것을 절대로 용납하지 않았다고 한다. 나도 그녀처럼 해보려고 시도한 적이 있었는데, 창틀의 모기떼에게 선전포고를 하고 진공청소기로 무자비하게 다 빨아들였다. 그러나 모기떼가 끊임없이 윙윙거리며 집 안으로 날아들어 쉽지

---

* 파리의 한 종류. 암수 모두 동물의 피를 빨아먹고 산다.

** 여기에는 먹파리, 깔따구 모두가 포함된다.

않은 일이었다. 모기들이 활동하기 좋은 날씨가 되면 얼마나 짧은 시간 안에 창틀이 다시 모기로 가득 차는지 살펴볼 수 있다.

미바튼에 모기가 많다는 사실은 결코 과장된 말이 아니다. 아이슬란드의 속담에 '모기로는 낙타*도 만들 수 없다'는 말이 있다. 갑자기 낙타라니. 자연연구소의 생물학자들은 미바튼 호수에서 알을 깐 모기로 얼마나 많은 낙타를 만들 수 있었을까 계산해보았다. 믿거나 말거나이지만 400마리라고 한다. 400마리의 낙타가 행렬을 이루면 1.2km는 될 것이다. 그리고 400마리의 낙타는 사람 5,700명과 맞먹으며 이 사람들이 손을 잡고 띠를 만들면 10km가 넘을 것이다.

이제 왜 미바튼이 모기호수라고 불리는지 알 것이다. 더구나 아이슬란드어에는 '모기처럼 많은'이란 형용사가 있다. 해충, 포식동물, 흡혈모기, 크고 작은 톱플루가,** 깔따구, 먹파리⋯⋯ 모기와 관련된 이 모든 말이 미바튼에서 왜 중요한지 조금은 알아야 한다. 해충이나 포식동물은 잘 알려졌다시피 많은 곳에서 다양한 동물들에게 적용되는 말이다. 여우도 해로운 동물이고 비둘기도 해롭다. 그리고 사람도 마찬가지로 해로운 동물이지 않은가! 미바튼에서는 먹파리도 해충이다. 그러나 다른 곳에서도 파리를 해충이라고 말하는지는 나도 잘 모르겠다. 한 가지 분명한 사실은 미바튼 사람들

* 미바튼 사람들에게 낙타는 멍청한 사람을 말함.
** top fly라는 뜻.

은 파리나 모기들을 성가신 존재로 여기지 않고 이들을 잘 참아낸다는 것이다. 이 곤충들이 미바튼의 생태계에 아주 중요한 존재임을 너무나 잘 알고 있기 때문이다.

깔따구

깔따구와 먹파리

미바튼 호수와 락사우 강에는 두 종류의 파리가 있다. 그 하나는 깔따구이고 다른 하나가 먹파리인데 이들의 습성은 근본적으로 다르다. 가장 큰 차이로, 먹파리는 피를 빨아먹지만 깔따구는 그렇지 않다. 깔따구는 집이나 자동차 위에 앉지만 먹파리는 그렇지 않다. 그리고 무엇보다 근본적인 차이는, 먹파리는 락사우 강에 알을 낳아 번식하고 깔따구는 미바튼에서 서식한다는 점이다. 쉽게 설명하자면 먹파리의 유충은 오로지 흐르는 물에서만 살 수 있고 깔따구는 어디든지 살 수 있으며 특히 호수를 좋아한다.

학자들에 의하면 미바튼에 가장 많이 분포하고 있는 모기는 작은 톱플루가라고도 불리는 베일 모스키토*이다. 그리고 미바튼의 학자들은 가장 널리 분포된 깔따구를 베일 모스키토 또는 작은 톱플루가라고 부른다. 작은 톱플루가의 개념은 거의 마흔 종의 다른 모기에도 적용되지만 베일 모스키토에게 가장 흔히 적용된다. 이 작은 톱플루가와 비슷한 모기가 있는데 이것이 바로 키로노무스

---

* 장막처럼 거대하게 떼를 지어 다닌다는 뜻.

이스랜디쿠스Chironomus islandicus라는 큰 톱플루가로 이 모기는 오로지 아이슬란드에서만 볼 수 있다. 이 곤충은 미바튼의 고유종이며 눈이 매우 크기 때문에 금방 알아볼 수 있다.

깔따구는 거대한 떼로 몰려다니기 때문에 호수 주변을 멀리 달리는 차 안에서도 알아볼 수 있다. 깔따구의 거대한 무리는 지구상에 있는 자연의 신비 가운데 하나라고 할 수 있다. 투명한 회색의 무리가 살아있는 기둥처럼 윙윙거리며 하늘로 날아오르는 모습은 경이로우면서도 믿기지 않는 광경이다. 많은 사람들이 이 광경을 보고 매우 아름답다 여기는데, 미바튼 호수에 와서 깔따구로 이루어진 커다란 기둥을 처음 보고 놀란 나머지 어찌할 바를 모르는 곤충학자들에게는 더욱 그러하다.

먹파리와 깔따구는 모기의 일종이며 이런 종류의 모기에는 각다귀(각다귀는 사실상 모기이다)가 있다. 이들 때문에 성가실 때면 도처에서 달려들어 피를 빨아먹고 무서운 질병을 옮기는 모기들보다는 그나마 낫다는 생각으로 위로한다.

먹파리는 공격적이고 그 수가 엄청나기 때문에 ― 특히 먹파리 떼가 엄청날 경우 ― 사람들은 이들을 해충이라고 말한다. 이런 경우는 날씨가 비교적 바람이 불지 않고 습기가 많으며 너무 춥지도 덥지도 않을 때 생긴다. 날씨는 6월과 8월에 지금의 먹파리 떼가 얼마나 살아남을 수 있을지를 가늠하는 가장 중요한 요소이다. 이는 미바튼 호수에서 더욱 그러하며 가장 좋은 날씨는 일조량과 적당한 온도에 달려 있는 것이 아니라 상쾌한 바람이 얼마나 부느냐가 중요하다.

작은 파리가 말도 죽인다

이미 말했듯이 미바튼 자연연구소는 옛 사제관에 자리 잡고 있다. 그리고 새로 지은 사제관이 그곳 바로 근처에 있다. 이곳에는 과학과 종교가 항상 평화롭게 초원 위에 공존하고 있으며 서로의 일을 존중해준다. 주변의 생명체들은 활발하게 움직이면서 아름답고 복잡하게 얽혀 있다. 지식이 이러한 생태계의 원리를 밝혀내고 끊임없이 해결책과 대안을 찾고 있는 반면 종교는 성경을 근거로, 어쩌면 무조건적인 신앙을 바탕으로 하고 있다. 정말 친절하고 자상한 외르놀푸르 목사는 자신에게 중요하지 않은 일도 항상 진지한 태도로 대한다. 그는 20년 전 여행 가방과 피리 하나만 달랑 들고 이곳에 와서 새로 지은 사제관에 자리를 잡았다. 사제관의 남쪽으로 난 커다란 거실 창문을 통해서는 마치 오페라 하우스의 칸막이 관람석에 앉아 있는 듯한 느낌으로 자연의 아름다운 경치, 블라프얄과 젤란다프얄을 볼 수 있다. 그곳엔 사초莎草로 이루어진 초원 한가운데 들풀과 덤불숲으로 뒤덮인 용암구릉이 있다. 그리고 바로 그 앞에 희귀한 새들이 날마다 열심히 먹이활동을 하는, 작은 생물학적인 비밀과도 같은 보다트뵈른이라는 습지가 있다. 외르놀푸르 목사는 살아 움직이는 예술작품을 코앞에서 보고 있다는 사실을 알고 이를 소중히 여겼다.

미바튼에서 처음 시작한 그의 사목활동은 녹녹지 않았다. 그가 미바튼에 온 지 얼마 지나지 않아 갑자기 악천후가 닥쳐 세 명이 호수에서 익사한 사고가 발생했다. 이 사건은 작은 마을 사람들에게 커다란 충격이었다. 호수는 거대한 바다처럼 엄청난 위력을 가지고 있음을 보여주었다. 외르놀푸르 목사는 사제로서의 사명감을 발휘하여 유가속들을 헌신적으로 보살펴주었고 그 후 다행히 매일매일 할 일이 생겼다. 외르놀푸르 목사는 예전에 있었던 목사와는 완전히 달랐다. 그는 예배를 드리러 오는 사람들을 위하여 피리 연주를 해주거나 비틀즈의 노래를 들려주기도 했다. 그리고 여름에는 교회가 아닌 딤무보르기르의 기암괴석이 있는 한가운데서 예배를 드렸다. 그는 미바튼으로 온 지 얼마 안 되어 프리다라는 멋진 여자와 결혼했다. 프리다는 스쿠트스다디르의 작은 옆 마을에서 어머니와 함께 살고 있던 여자였다. 이후 두 사람은 중국까지 가서 두 명의 여자아이를 입양해왔다.

외르놀푸르 목사는 신에 관한 철학적 대화를 좋아하기도 했지만 과학의 위대함에 대해서도 개방적이었다. 그는 커피를 마시며 대화 나누기를 매우 좋아했고 자연연구소의 사람들이 최근 만들어낸 결과에 대해서도 기꺼이 받아들였다. 그리고 한번은 교단의 대표자와 문제가 있었을 때 자연연구소 사람들에게 자문을 구한 적도 있었다.

 아이슬란드 건국기념일인 6월 17일엔 날씨가 화창하면 회프디 공원의 숲속에서 기념식을 거행한다. 풍선과 깃발을 들고 온 아이들에게 페이스페인팅을 해주고 과자를 나누어준다. 합창단의 민요가 울려 퍼지고 전통의상을 차려입은 배우들은 시를 낭송한다. 연단에 등장한 목사는 뜻깊은 설교를 하고 기도를 드린다. 항상 그렇듯이 지난 몇 년간 국경일은 그렇게 지나갔다. 햇빛이 밝게 빛나고 자작나무는 은은한 향기를 풍겼으며 아비새는 호수 위에서 F장조의 노래를 불렀다. 그러나 불행히도 목사가 축복기도를 하고 있는 동안 파리 한 마리가 그의 입속으로 들어가는 바람에 심한 재채기를 하고 말았다. 재채기 소리는 마이크를 통해 커다랗게 울렸고 사람들은 목사의 마지막 중요한 순간을 망치고 말았구나 생각했다. 목사 또한 그렇게 생각했다. 이 일이 있은 후로 아마도 여성단체는 그 때문에 "모기망을 가져오는 것을 잊지 마시고 또한 기쁜 마음으로 오세요."라고 알려주는지도 모른다.

 그다음 날 목사는 재채기를 일으켰던 파리를 가지고 연구소의 실험실에 와서 현미경으로 관찰할 수 없겠느냐고 물었다. 자신을 성

깔따구 유충

가시게 만든 신의 피조물을 자세히 관찰하고 싶었던 그는 파리 날개의 아름다움에 놀라지 않을 수 없었다. 금실로 세공한 듯한 파리의 우아한 날개에 감격했다. 그리고 삶의 의미에 대해서 많은 대화를 나누었다.

가장 중요한 문제인 삶의 의미! 미바튼 호수의 생태계를 살펴보면 사실 삶의 의미는 유리알처럼 투명하게 드러난다. 삶이란 종족을 번식하고 유지시키기 위하여 단순히 유지되는 것이 아니지 않은가? 한번은 연구소의 빵으로 저녁식사를 하는 자리에서 이것을 주제로 격렬한 토론을 벌인 적이 있었는데 생물학자들은 의견의 일치를 보지 못했다. 생명체의 목표는 자기의 유전자를 보전하는 것이 유일한 것이라고 생물학자 가운데 한 사람은 말했다. 다른 한 생물학자는 총체적인 삶의 의미는 존재하지 않는 것이라고 말했다. 삶이란 그저 단순한 것이라고! 하나의 생명체는 자기가 속한 種의 이름으로 그 어떠한 일을 하는 것이 아니라 자기 자신의 이름과 유전자로 행동하는 것이라고.

현미경으로 관찰한 파리

그 목사가 그랬던 것처럼 나도 보잘것없고 날개 달린 짜증스러운 곤충을 현미경으로 자세히 관찰하고 싶은 호기심이 들었다. 이러한 나의 생각을 연구소에 말하자 뚜껑이 있는 플라스틱 컵 두 개를 건네주면서 밖에 나가 깔따구와 먹파리를 수집해오라고 했다. 그리고 집의 벽에 붙어 있는 가장 큰 톱플루가가 제일 좋다고 했다. 톱플루가가 나타나기까지는 오래 걸리지 않았다. 톱플루가는 벌써 내 몸의 피를 빨아먹고 있었다. 나는 여러 마리의 톱플루가를 잡자마자 알코올이 담긴 용기에 넣어 보관했다.

나는 현미경 앞에 앉아 투명한 유리에 넣은 표본, 전문가들이 샬레*라고 부르는 것을 렌즈 아래 밀어 넣었다. 그 위에는 막 잡아온 커다란 톱플루가의 표본이 놓여 있었다. 초점을 맞추기까지는 약간의 시간이 걸렸다. 현미경의 옆에 달린 조동나사와 미동나사를 돌리니 크기가 다양하게 변했다. 마침내 렌즈를 정확한 위치에 맞추고 나니 파리가 선명하게 보였다. 별이 총총한 하늘과 같은 것이 보였는데 한가운데 너무나 아름답고 미묘한 물체가 물 위에 둥둥 떠다녔다. 특히 베네치아의 금실세공으로 만든 예술작품 같은 두 겹의 날개가 아름답게 보였다. 여섯 개의 다리는 솜털로 뒤덮여 있었다. 병을 세척하는 솔처럼 보이는 이 곤충은 눈 바로 위에서 이마 쪽으로 치솟은 커다란 촉수가 특징적이다. 수컷은 이 촉수를 이용하여 암컷이 윙윙거리는 소리를 들을 수 있는데 바로 이 소리를 듣고 짝을 찾는 것이다. 어떻게 톱플루가의 수컷은 지구상에서 암컷의 소리를 들을 수 있는 유일한 생명체가 되었을까?

나는 톱플루가를 자세히 관찰하며 이러한 사실을 곰곰이 생각

---

* 페트리 디쉬, 배양접시.

하게 되었고 그러면서 파리에 대한 관심이 더욱 높아졌다. 현미경을 통하여 다시 들여다보니 파리는 작은 가시 같은 것을 이용해서 몸을 옆으로 돌렸다. 그 모습이 조금 섬뜩했다. 파리가 움직이는 것을 보면 매우 위대하고, 활동적이면서도 곤혹스러워 보이기도 한다. 현미경을 통하여 보이는 파리는 나보다 훨씬 커 보였다. 파리가 천천히 여섯 개의 다리를 뻗는 모습이 마치 나를 여섯 겹으로 껴안는 것처럼 보였다. 부르르르…… 나는 갑자기 소름이 돋았고 숨을 멈추었다. 그것은 3D 공포영화보다 더 현실적이었다. 나는 잠시 거대한 톱플루가로부터 눈을 돌리지 않을 수 없었다. 샬레를 살펴보면서 보잘것없이 죽은 파리 한 마리가 알코올 속에 빠져 있다는 사실을 확인해야만 했다. 그러고 나서야 나는 다시 현미경 안을 들여다보았다. 파리는 조금 더 커져 있었고 계속

놀라운 모습을 보였다.

네 개의 뒷다리는 몸통의 위치에 있었고 앞다리 두 개만 앞쪽으로 약간 나와 있었는데 앞다리는 부드러운 솜털로 뒤덮여 있었다. 이 솜털은 작은 기상관측소와 같아서 바람의 세기를 감지할 수 있다. 파리는 몸집이 작기 때문에 위험하지 않을 정도의 바람 세기를 감지해야만 한다. 바람이 자신들을 쓸어버리는 적인지

미나리아재비꽃

아닌지를 판단해야 하기 때문이다. 이 때문에 수컷 톱플루가는 호숫가에 앉아서 바람이 잠잠해지길 기다린다. 바람이 멈추기를, 그리고 암컷을. 톱플루가에게 있어서 주목할 것은 수컷이다. 수컷은 특수한 바람감지기 기능과, 이들의 세계에서는 가장 중요한, 암컷이 윙윙거리는 소리를 들을 수 있는 기능을 갖추고 있다.

깔따구

마침내 바람이 잠잠해지면 파리떼가 호숫가의 검회색 기둥이나 안개구름 하늘로 올라가는 것을 볼 수 있다. 그 어디에서도 볼 수 없는 자연의 경이이다. 수컷 깔따구들은 떼를 지어 허공에서 그들만의 무희를 즐긴다. 사람들은 이 현상을 군무라고 한다. 수컷들이 떼를 지어 몰려다니면서 눈에 뜨이게 하고 암컷들이 적당한 거리를 두고 그 뒤를 따르는 행동은 다양한 순계류*와 섭금류**에서도 볼 수 있다. 예를 들면 목도리도요새와 심지어는 물고기, 박쥐도 이런 행동을 보이며 갈라파고스 섬에 있는 바다이구아나도 비슷한 행동을 한다.

깔따구들은 암컷이 수컷을 선택하는데, 비행능력이 좋고 에너지가 넘치는 수컷을 선호하며 수컷이 활발하게 나는 모습이 암컷을

---

* 조류에 속한 목. 닭, 꿩, 뇌조 등이 이에 속한다.

** 조류를 생활 형태로 분류한 한 무리. 두루미, 백로, 황새가 이에 속한다.

유혹한다. 암컷은 수컷보다 조금 늦게 물 위로 날아올라 수컷 무리의 유혹을 받고 윙윙거리며 물속으로 들어간다. 암컷의 유혹적인 소리를 잘 들을 수 있는 기능을 가지고 있는 수컷은 병 세척 솔처럼 생긴 촉수로 암컷이 윙윙거리는 소리를 귀 기울여 듣는다. 그리고 중요한 것은 암컷이 수컷의 무리로 들어가자마자 짝짓기를 한다는 사실이다. "누군가를 위해 떼 지어 몰려다닌다"란 말이 여기서 나온 것일까?

미바튼에는 사십여 종류의 깔따구가 있으며 이들은 서로 섞여서 무리를 짓지 않는다. 다시 말하면 같은 종이 무리를 지어 몰려다니는 것이다. 너울깔따구는 지면 위에 너울이 펼쳐진 것처럼 무리를 짓는다. 이 파리떼는 호숫가의 안개처럼 보이기도 한다. 파리들은 특정한 장소에서만 비행연습을 하며 색깔이 화려하고 지형적으로 돋보이는 곳에서 떼를 이룬다. 도로변, 꽃밭, 화려한 이끼지대, 울타리의 말뚝, 나무꼭대기가 이들이 좋아하는 곳이다. 이들은 우연히 지나가는 사람을 랜드마크로 삼기도 한다. 그렇기 때문에 수천 마리의 파리가 갑자기 사람 머리 위에 나타나는 일이 종종 일어난다. 이들은 특히 사람들의 매력적인 저음을 좋아하기 때문에 이런 소리를 내는 사람에게 미친 듯이 달려든다.

암컷은 짝짓기가 끝나면 호수로 가서 알을 낳는데 호수 안쪽 멀리까지 가 수면 위에 다리가 닿을 정도로 날면서 줄처럼 길게 늘어진 알을 낳는다. 알은 아교처럼 끈끈한 물질로 싸여 있고 이 끈끈한 물질은 알을 낳을 때 건조해지는데 물에 닿자마자 다시 물을 빨아들여 솜뭉치처럼 불어나 물속으로 가라앉는다. 얼마 지나지 않아 아주 작은 유충이 알에서 깨어 나오고 유충은 처음에 알을 둘러싼 아교질을 먹는다. 이렇게 며칠이 지나면 유충은 호수를 헤엄치고 다니면서 자기가 살기에 적당한 장소를 찾는다. 이들이 좋아하는 곳은 유기물의 먹거리가 많이 있는 진흙으로 된 호수 바닥이다. 유충들은 진흙에 살면서 진흙의 표면 위에 있는 것을 먹고 산다. 다른 몇 종류들은 돌이나 수초 위에 집을 짓고 살기도 한다. 이들은 진흙으로 집을 짓기 위하여 몸에서 나오는 거미줄 같은 것을 이용한다. 진흙 속에 작은 구멍을 뚫고 들어가 그 안에서 서식한다. 유충들은 물속에서 꼼지락거리며 산소를 공급받는다. 이러한 종류의 많은 것들은 주변에 산소가 부족해도 견디어낼 수 있다. 이들은 혈액에 헤모글로빈이 있어서 붉게 보인다. 이 때문에 산소가 부족해도 살아남아 성장할 수가 있다. 깔따구 유충 가운데는 민첩하게 자유자재로 움직이면서 다른 파리의 유충을 잡아먹는 육식 유충도 있다.

보잘것없는 이 생명체는 수많은 위험에 노출된다. 송어와 오리가 유충들을 삽으로 퍼먹듯 잡아먹고 유충이 자라서 파리가 되면 대부분 새들의 먹이가 된다. 그러나 이 밖에도 자동차와 진공청소기는 말할 것도 없이 굶주림, 추위, 더위, 바람, 비는 파리들에게 죽음을 의미한다.

미바튼 호수와 락사우 강이 새들의 천국이 된 것은 결코 우연이 아니다. 여기에는 모든 것이 서로 얽히고설켜 있다. 파리는 미바튼과 락사우 강에 사는 새들과 송어들이 풍부한 개체수를 유지하는 토대이다. 거의 모든 생물이 파리를 잡아먹고 산다. 물고기와 새는 호수 밑바닥에 있는 유충을 잡아먹고, 파리떼가 공중으로 날아오르면 새들을 위한 잔치가 벌어진다. 다 자란 새는 새끼들을 데리고 다니며 수면 위나 호숫가에서 파리를 잡아먹는다. 또 땅에서는 거미의 먹잇감이 되기도 한다. 뇌조를 제외한 섭금류, 중부리도요, 검은가슴물떼새, 흑꼬리도요와 같은 거의 모든 새가 파리를 잡아먹으러 호숫가로 날아온다. 거기에 최고의 잔칫상이 차려져 있는 것이다.

파리의 위협력

그러나 모두가 이렇게 파리를 좋아하지는 않는다. 날씨가 좋은 여름날 창문을 통해 밖을 내다보면 익숙한 광경이 눈앞에 펼쳐지곤 한다. 고요한 호숫가를 구불구불 돌아가는 도로가 아름다운, 푸른색으로 빛나는 곳에 차가 멈춘다. 한 쌍의 남녀가 차에서 내려 새끼오리 떼를 몰고 다니는 아비새와 북방흰뺨오리를 보러 호숫가 쪽으로 내려간다. 그러나 얼마 지나지 않아 여자가(대부분 여자가 먼저 두 손을 들고 만다) 손으로 얼굴 주변을 흔들어 파리떼를 쫓아내고 원을 그리듯 팔을 흔들면서 차 안으로 달려 들어가 급히 문을 닫는다. 남자는 여자보다 조금 더 견디지만 손으로 파리들을 쫓아내면서 급하게 여자를 뒤따라 차 안으로 들어간다. 그리고 차는 급히 떠나버린다. 자연경관을 즐기려던 꿈은 깨지고 집으로 돌아갔을 땐 자동차번호판에 붙어 있는 죽은 파리를 보고 파리들만 득실대는 호수의 기억으로 남는다. 그들은 두 번 다시 미바튼 호수를 찾지 않을 것이다. 그리고 미바튼 호수에서는 파리 때문에 도저히 견딜 수가 없다고 사람들에게 말할 것이다.

낚시꾼과 조류학자들은 이에 대한 해결책을 찾아내었고 파리 때문에 그들의 취미를 포기하는 일은 없었다. 그들은 모기망을 머리 위에 뒤집어쓰고 바지 아랫단 위로 긴 양말을 신고 바지 허리춤과 몸 사이의 맨살이 드러나지 않게 했다.

이 마을 사람들은 어떻게 파리의 공격을 피해왔을까? 마을 사람들이 파리의 공격을 막기 위해 특별한 복장을 한 것을 거의 본 적이 없다. 그들은 파리들을 무시한 채 아무런 방해도 받지 않고 각자의 일을 한다. 여자들 또한 창틀에 파리가 가득 쌓이면 무덤덤하게 진공청소기로 치우고 만다.

안젤리카

빈드벨구르 마을의 유명

한 낚시꾼인 욘 이 벨그의 이야기는 매우 흥미롭다. 그는 호수에서 물고기를 잡으려고 그물을 들여다보고 있었다. 그런데 그 모습이 멀리서 보기에 모기망을 쓰고 있는 것 같았다. 사람들이 무슨 일로 모기망을 쓰고 있었느냐고 묻자 그는 틀니를 호수에 떨어뜨리지 않기 위해서라고 말했다 한다. 한 농부로부터 이 말을 듣고 나는 한참을 웃었다. 그 농부는 이 이야기가 아주 재미있다고 생각했다. 이야기는 사방으로 퍼지면서 호수 주변 마을로 전해지게 되었고, 그러면서 이야기가 계속 과장되었다. 물론 욘 이 벨그는 단 한 번도 모기망을 써본 적이 없었다.

어두운 옛 시절부터 전해 내려온 전설

먹파리

미바튼의 먹파리에 관한 가장 오래된 문헌 기록은 레이캬달루르 지방의 스투타운트텐 사람들에 관한 전설에서 찾아볼 수 있다. 주목할 만한 이 아이슬란드의 전설은 14세기에 써졌으며 11세기 바로 직전의 이야기를 담고 있다. 그리무르라는 사람이 한 사건의 도움을 요청하기 위해 쏘르게이르료스베트닌가고디라는 법률가를 만났다. 쏘르게이르는 토속신앙과 기독교 사이에 일어났던 문제를 알팅크*에서 해결한 적이 있었다. 아이슬란드는 공식적으로 기독교 국가이지만 시골에서는 아직

* 세계에서 가장 오래된 아이슬란드의 의회 기관.

도 미신이 허용되었었다. 그는 종교 간 전쟁을 막았고 사람들은 이에 대한 감사의 표시로 자신들의 우상을 고다포스 폭포에 버렸다. 쏘르게이르는 그리무르에게 미바튼으로 가서 스쿠타를 죽이면 그를 도와주겠다고 말했다. 그리무르는 스쿠타 곁에 머물면서 적당한 때에 그를 죽이기로 마음먹었다. 스쿠타는 그리무르를 친절하게 맞아들였고 겨울 동안 자기 집에 머무르라고 하면서 잘 대해주었다. 그리무르는 스쿠타의 집에서 편안히 지냈고 절대로 허튼짓을 하지 않았다. 봄이 되자 두 사람은 그물을 살펴보기 위해 배를 타고 호수로 나갔다. 배를 타고 가는 동안 스쿠타가 신발끈이 풀린 것을 보고 고쳐 매기 위해 허리를 숙인 순간 그리무르가 뒤에서 그를 도끼로 내려쳤다. 그러나 헐렁한 승려복 차림의 스쿠타는 그 안에 갑옷을 입고 있어서 전혀 상처를 입지 않았다. 스쿠타는 그리무르를 꼼짝 못 하게 제압하고 왜 자기를 죽이려고 했는지 다그쳤다. 그리무르는 그간의 사정을 설명하고 용서를 빌었지만 스쿠타는 그의 말을 전혀 들으려 하지 않았다.

스쿠타는 그리무르를 미바튼 호수 안에 있는 작은 섬으로 데려가 옷을 모두 벗겨 알몸으로 만들었다. 이어 스쿠타는 그리무르를 말뚝에 묶고 쏘르게이르가 구하러 오지 않으면 계속 거기에 묶여 있어야만 한다고 말했다. 집으로 돌아온 스쿠타는 이 사실을 쏘르게이르에게 알렸다. 쏘르게이르는 스쿠타에게 그리무르를 풀어줄 수 없느냐고 물어보았다. 그러나 스쿠타는 그리무르가 어디에 있든지 간에 자기하고는 상관없다고 말했다. 실오라기 하나 걸치지 않고 있던 그리무르는 모기에 물리고 굶주려 그 섬에서 죽고 말았다.

아주 끔찍한 이야기이다. 바람 한 점 불지 않는 고요한 저녁에 새들이 지저귀고 양들의 울음소리가 저 멀리 호수 넘어 들려올 때면 이 이야기가 종종 머릿속에 떠오른다. 그럴 때면 나는 작은 섬에 갇혀 굶주림과 모기들로 인해 숙어간 그리무르의 고통스러운 외침이 들리는 것만 같았다. 그리무르가 벌거벗겨진 채 모기에 물려 죽는 처참한 운명을 맞은 곳이 드리테이 섬 아니었을까? 정말 잔인한 시대였다. 그러나 그 자신의 죄 때문에 죽은 것은 아닐까? 그는 음험한 암살자였으며 스쿠타를 살해하려는 악의를 품고 있었다. 스쿠투스타디르란 지명의 유래가 된 스쿠타는 자신의 종복과 함께 고기를 잡으러 갈 때마다 옷 속에 갑옷을 입었을 것이라고 사람들은 생각한다. 전설의 시대에 살았던 사람들은 그 누구도 서로를 믿지 못했으며 항상 싸울 준비가 되어 있어야만 했다.

그러나 전설을 지어낸 사람 또한 어쩌면 익살스럽게 표현하려 했는지도 모른다. 암살자란 말은 아이슬란드어로 수컷의 파리나 모기를 의미하며 이들이 미바튼에서 벌어지고 있는 여러 이야기 속에 중요한 역할을 하고 있다. 더군다나 스쿠타의 도끼는 '파리'라는 이름으로 불린다.

먹파리

현미경을 통해 들여다본 먹파리는 우아하고 아름다운 깔따구와는 전혀 딴판이다. 먹파리는 몸통이 짤막하고 등이 굽었으며 날개와 다리도 짧다. 그 모습은 마치 막 사람을 잡아먹으려는 뱀파이어처럼 보인다. 먹파리의 촉수는 아주 보잘것없다. 그 대신에 먹파리는 입속에 피를 빨아먹기 위한 특별한 기능을 가지고 있다. 이는 먹파리의 생존에 아주 중요한 것이다.

미바튼의 먹파리는 토종과 외래종 사이에 별 차이가 없다. 미바튼의 먹파리는 원주민과 이방인을 가리지 않는다. 이곳에서 태어난 사람이라고 하여 가만히 놔두질 않고 다른 사람과 똑같이 피를 빨아먹는다. 그 가운데는 파리에게 덜 물리는 사람도 있는데 아직도 그 이유는 분명하지 않다. 내가 알고 있는 분명한 사실은, 피를 빨아먹는 이 세상의 모든 모기나 파리처럼 미바튼의 먹파리 역시 나와 같은 A형의 피를 좋아한다는 것이다.

먹파리는 어떻게 피를 빨아먹을까? 모기들이 옷까지 뚫고 문다는 사실을 모기에 물려본 사람이라면 누구나 다 잘 알고 있다. 바늘과 같은 모기 주둥이는 살 속 깊이 찌를 수 있다. 이에 반하여 먹파리는 모기와 같은 주둥이가 없이 피부에 조그만 구멍을 낸다. 먹파리는 옷을 뚫지 못하기 때문에 맨살을 찾아 팔소매나 바지춤, 옷깃 사이를 파고 들어온다. 먹파리는 사람들이 호흡할 때 배출하는 이산화탄소를 맡고 사람들에게 달려든다.

먹파리의 생애

먹파리라는 보잘것없는 곤충을 좀 더 자세히 관찰해보자. 먹파리는 북방흰뺨오리와 아비새처럼 아메리카가 원산지이다. 이런 종류의 흡혈파리는 지구 곳곳에 존재한다. 그러나 미바튼 먹파리는 유럽의 그 어느 곳에도 없고 미바튼의 페뢰에르 섬에서만 볼 수 있다. 먹파리가 나타날 때면 아메리카 문화의 축제 기간이라고도 말할 수 있을 것이다. 아이슬란드에서 먹파리는 거의 모든 흐르는 물가에서 볼 수 있다. 그리고 특히 호수로부터 흘러나오는 하천에 많이 서식한다. 호수가 먹파리에게 필요한 영양분을 제공하기 때문이다.

먹파리의 유충은 동화 속 등장인물 같다. 아주 작은 이 유충은 호수 바닥에 가는 실로 작은 집을 짓고 꽁지에 있는 발톱 같은 것으로 꼭 매달려 산다. 이 유충들은 가는 실로 견고한 집을 짓기 때문에 물살이 세어 떠내려갈 것 같은 경우 이곳이 정거장 같은 역할을 한다. 최악의 경우 유충은 거센 물결 때문에 집으로부터 떨어지기도 하지만 가는 줄이 질기기 때문에 끊어지지 않고 매달려 다시 집으로 돌아온다. 거친 물살 속에서 유충이 살아남기란 쉽지 않은 일이지만 이러한 물살에 흘러오는 많은 먹이를 먹을 수 있는 장점도 있다. 조류와 다른 좋은 먹거리가 물살을 타고 흘러 내려온다. 물살이 빠르면 빠를수록 먹잇감도 많아지는 것이다.

먹파리 유충의 머리에는 먹잇감을 낚아채기 위한 두 개의 작은 그물망 같은 것이 달려 있다. 먹파리 유충은 이것을 흐르는 물속에 펼쳐 먹잇감을 잡아먹는다. 먹파리 유충은 이런 식으로 영양분을 섭취하면서 빠르게 성장한다. 겨울이 지나기만을 기다렸던 유충은 봄이 되어 미바튼 호수의 아주 작은 녹조류가 물살을 따라 움직일 때 급속하게 자란다. 수온이 충분히 따뜻해지고 유충이 성장을 다 하면 번데기로 변할 준비를 한다. 작은 유충이 이제 어른이 되려고 나름대로 사춘기를 맞이하는 것이다. 유충은 키틴으로 자기 몸을 감싼 후 변신한다. 그런 후에 날개가 생겨난다. 이들은 명주로 된 작은 고치를 만들어 그 안에서 번데기 시기를 보낸다. 이 시기는 2주 정도이며 그 후에 고치를 뚫고 나온다. 고치에서 나온 먹파리는 곧바로 수면 위를 거침없이 날아다닌다.

수컷 먹파리들은 암컷보다 물속에서 먼저 나와 암컷을 맞을 준비를 한다. 수컷들은 여러 무리로 떼를 지어 호숫가에서 암컷을 기다린다. 잘 알려졌다시피 곤충은 무수한 낱눈으로 이루어진 겹눈을 가지고 있다. 먹파리도 마찬가지이며 수컷의 겹눈은 암컷보다 더 크다.

우리는 암컷의 소리를 잘 듣기 위한 커다란 귀를 가지고 있던 깔따구를 기억하고 있다. 깔따구에 반하여 먹파리는 암컷을 찾기 위해 청각이 아닌 시각을 이용한다. 먹파리는 청각보다 시각이 더 발달되어 있는 것이다. 말하자면 깔따구와 먹파리는 암컷을 찾는 데 서로 다른 방법을 이용한다. 동물의 진화는 깔따구에게는 민감한 안테나를, 먹파리에게는 고차원의 시력을 안겨주었다.

암수가 서로 만나 짝짓기를 하고 나면 암컷은 알을 낳기 위해 다시 강으로 간다. 암컷은 호수에서 강물이 흘러나오는 가까운 곳에 알을 낳기 위한 가장 좋은 장소를 찾아 때로는 수킬로미터까지 강을 거슬러 날아간다. 바람이 잔잔한 여름날 저녁이면 먹파리 떼가 끊임없이 하늘 위에 날아다니는 것을 볼 수 있다. 때로 짙은 저녁 안개 속에 강물을 거슬러 날아가는 먹파리 떼의 날개가 석양빛에 반짝이는 것을 볼 수 있다.

알을 낳은 먹파리의 암컷에게는 어떤 변화가 일어날까? 암컷은 피에 굶주린 드라큘라처럼 사나워진다. 암컷 먹파리는 피를 충분히 섭취해야만 알을 한 번 더 낳을 수 있다. 그렇기 때문에 이들에게 간절한 것은 피다. 먹파리는 강에서 멀리 떨어진 마을로 날아가게 되고 마을 사람들은 먹파리 때문에 곤욕을 치를 수밖에 없다. 먹파리의 공격에 가축들은 이리저리 날뛴다. 말은 언덕이나 마구간으로 피하고, 양들은 용암바위의 굴속이나 틈으로 숨으며, 여행자들은 차 안으로, 주민들은 집 안으로 들어가 먹파리의 공격을 피한다. 그러나 맛있는 피를 가진 동물은 그 누구도 이들의 공격을 피할 수 없다. 피를 배부르게 빨아먹은 먹파리들은 알을 낳기 위해 다시 강으로 돌아간다. 먹파리들은 왜 알을 한 번만 낳고 만족하지 못하는 것일까? 모든

먹파리 유충

동물, 모든 생명체는 오랜 세월을 거치며 어떠한 상황 속에서도 가장 가능한 종족 번식의 방법을 터득했다. 이 방법이 먹파리에게 피비린내 나는 흔적을 남겨준 것이다. 동물의 진화는 먹파리를 피비린내 나는 길로 이끌게 했다.

북방흰뺨오리

먹파리는 해마다 두 번씩 거대한 무리를 지어 날아다닌다. 미바튼에서 먹파리의 첫 번째 군무 시기는 대개 6월 10일경 시작되어 7월까지 계속된다. 그리고 강에서 새끼 먹파리가 자라는 동안 잠시 사라진다. 8월이 되면 두 번째 새끼들이 다 자라서 가을인 10월까지 날아다닌다. 두 번째 태어난 새끼 먹파리들은 강에서 다음의 이른 봄까지 겨울을 난다. 첫 번 낳은 알에서 깨어난 먹파리들은 7월에 유충의 상태로 있다가 강에서 몇 주밖에 살지 못한다.

먹파리는 장단점 모두를 가지고 있다. 먹파리가 사람에게는 해를 끼치지만 다른 동물들에겐 아주 맛있는 먹잇감이다. 북방흰뺨오리와 송어, 그리고 특히 흰줄박이오리는 먹파리가 없으면 살아남을 수가 없다. 먹파리는 사람들을 괴롭히고자 할 생각은 전혀 없다. 다만 그들에게 가장 중요한 관심사인 암컷들의 윙윙거림을 주의 깊게 들으려 할 뿐이다. 먹파리들은 아무 소리도 들을 수 없을 때면 산책길에 나선 사람들을 귀찮게 따라다니지만 결코 사람들을 물려는 의도를 가지고 있지는 않다. 그런데 워낙 많은 떼를 지어 다니기 때문에 먹파리는 사람들을 성가시게 한다. 누구나 기둥과 같은 거대한 먹파리 떼를 머리에 이고 산책하고 싶진 않을 것이다. 먹파리가 사람들에게 해를 끼치려는 의도는 없으나 우리가 그들의 중요한 영양공급원인 것은 사실이다. 먹파리에게 대처하는 가장 좋은 방법은 미바튼 호수의 주민들처럼 그들을 별로 의식하지 않는 것이다. 미바튼의 주민들은 풍성하고 다양한 삶의 공간의 기본질서를 잘 알고 있다.

쇠오리

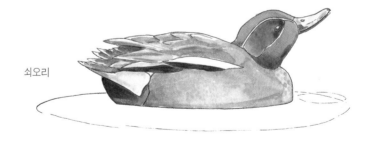

동굴 안의 생명체

"저랑 같이 물고기 잡으러 갈래요?" 열한 살짜리 소녀 힐두르가 나에게 물었다. 내가 그 아이의 말을 흘려들었더라면 지금까지 해봤던 낚시 중에 가장 좋았고 진귀한 낚시의 기회를 놓쳤을 것이다. 나는 여태 남태평양에서 오징어를 낚고 카나리아 군도에서 곰치를 잡고 갈라파고스에서 닭새우를 잡았던 일을 자랑거리로 여겼었다. 힐두르는 도시 아이와 시골 소녀의 특성이 뒤섞인 특별한 아이였는데, 서너 해 여름 동안 미바튼에서 우리 딸아이의 베이비시터를 했었다. 힐두르는 그때까지 한 번도 마을 밖으로 나가본 적이 없었지만 인터넷과 TV를 통하여 넓은 바깥세상에 대해 잘 알고 있었다. 그러나 그 아이는 페이스북 친구를 만나는 것보다 자연 속에서 노는 것을 더 좋아했고 새와 야생초는 물론 주변의 산 이름을 거의 다 알고 있었다.

그녀가 부모와 함께 사는 집은 미바튼 호숫가의 언덕에 있었다. 집 앞으로는 섬, 곶, 가파른 언덕이 보이는 호수가 펼쳐져 있었고 집 뒤쪽에는 신비한 용암바위들이 있었다. 산들은 아주 좋은 자리를 잡은 경비초소처럼 커다란 원을 그리면서 모든 것을 둘러싸고 있었다. 그러한 산 가운데 하나가 벨그야르프얄이었으며 그 산은 피라미드처럼 힐두르 집의 정원 앞에 솟아나 있었다. 거기에서 사람들은 세상에서 가장 아름다운 광경 가운데 하나인 미바튼의 경치를 즐길 수 있었다. 특히 하늘과 호수, 멀리 있는 산들의 푸른색이 조화를 이루는 날이면 말할 수 없이 아름다웠다.

그날은 푸른 하늘에 햇빛이 화창한 여름이었다. 파리들은 자기들의 일에 열중하고 있었고 마을 토박이들은 그런 파리를 신경 쓰지 않았다. 힐두르는 우리에게 모기망을 씌워주고 물고기 뜰채와 양동이를 가져왔다. 우리 부부와 아이 그리고 힐두르는 서로 손을 잡고 길을 나섰다. 길을 나서자마자 새끼염소 두 마리가 배가 고픈 듯 음매 하며 우리 뒤를 따라왔다. 하지만 우리는 담장 밑으로 살살 기어가며 염소들을 용암들판 위에 떼어놓았다. 중간에 힐두르는 산자락에서만 발견할 수 있는 잘 감추어진 붉은날개지빠귀의 둥지를 알려주었다. 우리는 잘 다져진 오솔길을 지나 좁은 용암으로 된 협곡과 능선을 통과했다. 힐두르는 우리에게 요정의 교회*를 알려주기도 했다.

물론 평범한 구멍이 중요한 것은 아니었다. 이 구멍들은 화산 폭발 직후 용암에 형성된 통로로 연결되어 있었다. 그 통로에는 무성한 관목과 야생초가 자라고 다채로운 색깔의 들꽃이 피어 자연의 아름다운 조화를 보여주었다. 땅이 움푹 파인 곳에는 맑은 물이 고여 있었고 그 안에는 우리가 그날 잡으려고 했던 동굴곤들매기가 살고 있었다. 힐두르는 자기가 가장 좋아하는 동굴로 향해 갔다. 널찍한 용암다리가 웅덩이 위로 걸쳐 있었고 용암다리 양쪽에서 웅덩이 아래로 내려갈 수 있었다. 우리가 용암다리 위의 오솔길을 가고 있을 때 갑자기 다리 밑에 살던 굶주리고 포악스러운 괴물을 꾀

---

* 아이슬란드 전설에 나오는 교회.

로 물리친 노르웨이의 세 마리 염소에 관한 동화가 떠올랐다. 하지만 거기에 괴물은 없었고 양치기 개들만 보일 뿐이었다. 우리는 조심스럽게 웅덩이로 내려가 가지고 간 그물을 펼쳐 고기를 잡기 시작했다.

당시에는 몰랐던 사실, 나는 그때 창조주의 시험관에 있었다는 것을 지금에 와서야 알게 되었다. 미바튼 지역은 지하에 빈 공간이 있고 그 안에 물고기들이 살고 있다. 미바튼의 곤들매기는 매우 악조건에서 생명을 유지하고 있으며 송어의 일종인 곤들매기는 호수 주변의 수많은 동굴 속에서 큰 어려움 없이 살아간다. 그리고 곤들매기뿐 아니라 동굴이나 여러 개의 동굴을 연결하고 있는 통로에 특별한 동굴곤들매기가 살고 있다. 이 사실 하나만으로도 어떠한 괴물도 돌다리 밑에서 어슬렁거리지 못하고 그토록 오랫동안 '요정의 교회' 요정들이 지켜질 수 있었음을 알 수 있었다.

그날 우리는 동굴과 동굴에 사는 생물에 대한 생각으로 머릿속이 가득 찼다. 나는 어떻게 이 작은 곤들매기가 동굴 속으로 올 수 있었을까 생각해보았다. 동굴곤들매기는 새끼일 때 여기 갇혀서 부족한 먹이 때문에 크게 자라지 못한 것이 아닐까 생각하기도 했다. 그게 아니라면 다른 장소에 있던 곤들매기가 이곳으로 와서 미바튼의 새로운 곤들매기 종이 된 것은 아닐까 하는 의문이 들었다.

곤들매기는 어떻게 동굴로 들어왔을까?

미바튼과 그 주변 지역이 어떻게 생성되었는지 다시 한 번 살펴볼 필요가 있다. 우리는 미바튼을 형성하게 된 약 2천 년 전의 화산 폭발을 잘 알고 있다. 용암이 오래된 호수와 그 주변으로 흘러들어 모든 것을 뒤덮어버림으로써 락사우르달루르 지역을 통과하면서 생태계를 바꾸어놓았다. 그 용암이 수백 개의 웅덩이, 유사 분화구, 가파른 절벽, 용암협곡 그리고 미바튼을 만들었다. 하지만 어떻게 물고기가 동굴 안 호수에 살게 되었을까? 폭발 직후에 동굴호수와 미바튼 사이에 연결통로가 있었을 것이라고 추측할 수 있다. 새로 생긴 호수에 곤들매기의 개체수가 증가할 때는 아마도 지금보다 더 많은 연결통로가 있었을 것이다. 이 개체수 속에는 치어는 물론 일찍 알을 낳는 바람에 몸집이 작은 물고기도 있었을 것이다. 이러한 물고기들이 용암지대의 고랑 사이를 다니다가 동굴호수에 갇혀버린 것인지 모른다.

지금 우리가 알 수 있는 것은, 동굴곤들매기가 인접해 있는 동굴호수 사이를 왔다 갔다 하기는 하지만 멀리까지 이동하진 않는다는 것이다. 이 물고기들은 수면이 처음 동굴호수가 생겼을 때보다 낮아졌거나 아니면 지면이 융기하여 연결통로가 막히는 바람에 동굴호수 안에 갇히게 되었다.

사람들은 동굴호수에 사는 물고기들의 개체수 증감은 거의 없으며 그 편차가 매우 작고 정확한 측정을 통해서만 확인할 수 있다는 사실을 알아냈다. 하지만 갈라파고스 섬에 사는 거북이처럼 동굴호수의 물고기들도 생김새에 있어서 매우 큰 차이가 있다. 그 이유는 이들이 사는 환경인 차가운 화산분화구와 갈라파고스에서의 먹이가 제한되어 있기 때문이다. 거북이는 대부분 관목의 잎을 먹고 살기 때문에 높은 데 달린 잎을 잘 따먹을 수 있도록 목과 다리가 길어졌다. 그러나 다른 지역에 사는 거북이들은 땅바닥의 풀을 먹기 때문에 다리와 목이 짧다. 그 대표적인 예가 다윈이 1859년 비글호를 타고 대서양을 건너가 갈라파고스에 진화이론의 근거로 삼았던 갈라파고스 핀치*이다.

동굴에 사는 곤들매기는 무엇일까?

우리 아이들은 거북이와 거북이의 진화에는 전혀 관심이 없었고 활기차게 움직이는 동굴곤들매기에 잔뜩 기대를 걸고 있었다. 나는 이 물고기가 도대체 어떻게 생겼을까 하는 생각으로 동굴호수의 물속을 유심히 들여다보았다.

"동굴곤들매기는 크기가 작고 날씬해요. 그리고 아주 잽싸게 움직이고요. 머리와 눈이 아주 크고 주둥아리 부분이 둥글면서 앞으로 삐죽 나왔어요. 색깔은 전체적으로 검은데 배와 지느러미는 오렌지색과 흰색이에요. 더군다나 물방울무늬도 박혀 있지요. 동굴

---

* 갈라파고스에만 서식하는 작은 새들의 별칭. 다윈의 핀치라고도 한다.

곤들매기는 겁이 없고 호기심도 많으며 눈에 보이는 것은 아무거나 다 잡아먹어요."

동굴곤들매기 모습의 설명이 마치 아이슬란드 전설에 등장하는 주인공처럼 들렸다. 브야르니 크리스토페르스의 눈에는 그렇게 보였던 모양이다. 그는 다른 생물학자들과 함께 홀라르 대학에서 동물곤들매기의 다양한 형태에 관한 연구를 하고 있었다. 학자들은 약 30개의 동굴호수에 사는 물고기를 비교하였다. 그것은 물고기들을 자연이 만들어놓은 시험관 속에서 관찰하는 것과 마찬가지였다. 학자들은 물고기의 크기를 측정하고 성장 과정의 모든 것을 기록할 수 있었다. 이것은 지금뿐 아니라 앞으로도 지속적으로 가능한 일이었다. 물고기가 무엇을 먹고 살며 동굴의 입구를 통하여 어떤 먹잇감들이 흘러들어오고 얼마나 많은 작은 생명체들이 물속에 살고 있는지를 어렵지 않게 확인할 수 있었다.

그러나 우리는 지금 낚시를 하러 온 것이다! 힐두르는 무언가에 홀린 듯 수면만 바라보고 있었다. 어디선가 모기 우는 소리가 작게 들렸다. 나는 힐두르에게 낚싯줄에 찌를 달고 빵부스러기 아니면 새우를 미끼로 써보는 것이 어떻겠느냐고 조심스럽게 물어보았다. 그러나 힐두르는 자기는 마음이 착한 아이라서 낚싯바늘로 동굴곤들매기를 잡아 상처 난 물고기를 다시 놔주고 싶지 않다고 거침없이 말했다. 그렇기 때문에 차라리 조용히 바라보면서 기다리겠다고 했다. 나는 그 아이의 순진함에 부끄러워졌다. 낚싯바늘을 이용해서 고기를 잡으려 했던 나는 얼마나 탐욕적인 인간인가……
힐두르는 계속 종알거렸다. 자기는 동굴곤들매기를 먹고 싶은 마
음은 전혀 없지만 그 물고기를 잡아서 정어리처럼 통조림을 만드는
것도 나쁘지 않은 생각이라고 말했다. 그리고 콜라 한 병 값의 가격
으로 길가에서 관광객들에게 팔면 좋지 않겠느냐고. 아이는 그렇
게 말한 후 까르르 웃었다.

우리가 동굴곤들매기를 잡던 뜨거운 그 여름날, 그 누구도
이 물고기에 관심을 가지고 있지 않았다. 물고기에 표시를
해놓지도 않았고 등록이 된 것도 아니었다. 그리고 우리
가 물고기를 한 마리도 잡지 못했다고
한들 아무도 그 물고기를 아쉬워하지
않았을 것이다. 다만 우리가 한 마리
의 물고기도 잡지 못했다는 것, 그것
이 바로 중요한 사실이었다. 가끔 작
은 막대 초콜릿 크기의 거무스름한
무언가가 동굴 안쪽에서 휙 지나가는
것이 보였다. 우리는 뜰채를 들고 주의
를 기울였다. 거무스름한 물체는 햇빛
을 받아 잠깐 반짝이더니 다시 순식간
에 사라졌다. 지금이 물고기들에겐 너
무 밝아서 그런 것일까? 아니면 물이 너

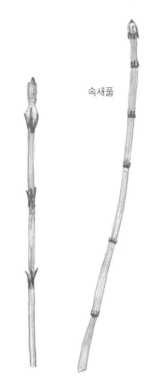

속새풀

무 따뜻해서? 혹시 우리 때문에 위협을 느낀 것일까? 우리들 모두가 조용히 있기는 쉽지 않은 일이었다. 아무 일도 일어나지 않는 정적은 지루하기도 했지만 긴장이 고조되기도 했기 때문이었다. 어린 힐두르와 물고기를 잡는다는 사실은 내가 삶의 충만함 가운데 있다는 느낌을 가져다주었다.

우리가 막 집으로 돌아갈 채비를 차리고 있을 때 힐두르가 뜰채를 잽싸게 물속으로 집어넣었다 뺐고 이어 작고 거무스름한 물체가 공중을 날아 땅바닥 위에서 펄떡거렸다. 힐두르는 붉고기를 조심스럽게 물이 들어 있는 양동이에 넣은 후 그 물고기의 아름다운 색깔을 보여주었다. 밝은 오렌지색이 정말 아름다웠다. 힐두르는 아주 어렸을 때 언니들과 함께 물고기를 잡으러 다녔다고 말했다. 그리고 자기는 물고기를 산 채로 집으로 가져와 똑같은 물고기를 두 번 잡았는지 알 수 있도록 물고기에 표시를 해서 다음 날 다시 놓아주었다고 한다.

생태계는 무대이다

홀라르 대학의 동굴곤들매기 연구팀은 힐두르와 그녀의 언니들보다는 더 야심찬 계획을 실행에 옮겼다. 이들은 각각의 동굴호수에 사는 동굴곤들매기를 스무 마리에서 서른 마리까지 채집했다. 동굴에는 대개 한 배에서 태어난 물고기들이 살았고 이 물고기들은 유전자가 동일했다.

연구팀은 해마다 6월과 7월에 물고기를 채집했다. 그리고 물고기를 다시 놓아주기 전에 무게와 크기를 측정하고 사진을 찍어놓았다. 이러한 방법으로 물고기가 어느 정도 빠른 속도로 자라났는지 알 수 있었다. 곤들매기가 다른 물고기에 비하여 빨리 성장하는 것은 그 물고기가 살아남기 위한 더 좋은 생태환경을 가지고 있음을 의미했다.

어느 날 나는 연구소에서 간단히 빵으로 저녁을 먹는 자리에서 한 사람을 알게 되었다. 그는 동굴곤들매기 연구 프로젝트에 참여하고 있었던 스쿨리 스쿨라손이라는 진화생태학자였다. 우리는 낚시의 역사에 대한 서로의 생각을 주고받았다. 나는 동굴곤들매기에 관련된 사실들이 진화의 좋은 본보기가 아닐까 생각했다. 아이슬란드의 자연은 생성된 지 오래되지 않았고 아직도 완성된 것이 아니기 때문에 모든 면에 있어서 진화가 일어날 정도로 유연한 상태라는 말을 들은 적이 있었다. 그러나 스쿨리는 이 이론에 대하여 직접적인 언급을 피하고 오히려 어떻게 생각하느냐가 더 중요하다고 말했다. 이를 아마도 진화의 연극무대라 할 수 있을 것이라고 그는 말했다. 생물학자들은 생태학과 진화의 상관관계를 연구한다고도 했다. 그 말을 듣고 나는 생태학이란 동물 또는 생물체를 배우로 내세우는 연극무대라는 생각이 들었다. 그리고 진화는 그 연극이 보여주는 연기인 셈이다.

한들고사리

생태계를 하나의 연극무대로 보는 견해는 매우 흥미롭고 논리적이라고 생각했다. 시간은 역사이며 발전은 역사와 관련을 맺고 있다. 미바튼 지역의 동굴호수에서 살고 있는 동굴곤들매기는 이 사실을 분명하게 보여주고 있다. 지질학, 화산활동, 대륙, 이 모든 것은 움직이고 있다. 그리고 이것이 바로 무대이다. 동굴곤들매기가 살고 있는 생태환경은 화산 폭발로 인한 용암으로 만들어진 것이다. 그리고 그곳에는 모든 것이 아직도 형성되고 있는 중이다.

하나의 생각, 가설, 이론…… 시인 스테판 회르두르 그림손이 "올바른 길을 잃지 않는 것"이라고 말한 것처럼 학문이란 올바른 결과를 찾아 각기 자기의 방식대로 앞으로 나아가는 것이다. 하나의 가설은 그것을 증명하거나 반박하기 위한 실험과 관찰을 요구한다. 실험이 가정을 충분히 증명하거나 반박이 불가능하다는 사실을 확인시켜줄 때 가정은 학문영역에서 하나의 이론이 된다.

진화는 행위이다

다윈의 진화론에 따르면 모든 생명체는 한 줄기에서 나왔지만 자연도태에 의해 다양한 종과 변종으로 분화된 것이다. 진화론은 그것이 세상에 발표된 이래로 160년 동안 기본적인 가치가 흔들리지 않고 있으며 지금은 유전학의 힘을 입어 더욱더 확장되었다. 생명체는 대부분 살아남기 위한 투쟁과 자연의 선택이라는 한계에 도달

할 때까지 증가한다. 개체들의 유전자는 다른 유전적인 변종과 변별되려는 경향이 있고 이것이 세월이 흘러감에 따라 한 생명체 그룹을 형성한다. 그것이 바로 종이다. 이들은 환경에 적응하면서 발달하고 환경은 유전적인 변종을 만들거나 종에 따라 종들의 확산을 막거나 확대시킨다. 이것이 바로 자연도태이다.

학자들은 그동안 동물의 진화가 예전에 사람들이 생각했던 것보다 훨씬 더 빠르게 진행되었다는 사실을 알아냈다. 자연도태의 영향력이 크게 미칠 때는 불과 몇 세대 안에 진화가 이루어진 것이다. 아이슬란드에서 진화연구를 하는 학자들은 모든 것들이 여전히 진화하고 있으며 이를 분명하게 관찰할 수 있는 아이슬란드의 강과 호수에 대해 많은 관심을 갖고 있다. 예전에 생각했던 것처럼 진화란 수백 년의 세월이 흐르는 동안 이루어진 것이 아니라 이보다 훨씬 빠르게 진행되었다는 사실을 확인한 이래로 더욱더 확신을 갖고 확실한 근거를 찾고 있다.

160년이란 세월은 진화론과 같은 위대하고 중요한 이론이며 원대한 사고과정을 위해서는 결코 긴 시간이 아니다. 사람들은 1970년부터 비로소 어떻게 자연도태의 힘이 작용했는지를 근본적으로 연구하기 시작했다. 다시 말하면 자연도태에 관한 연구 기간은 매우 짧은 편이며 아직도 자연도태의 과정을 분명하게 알지 못한다는 것이다. 그러나 전체적인 윤곽이 점점 드러나고 있다. 학자들은 동굴곤들매기의 연구를 통해서 어떤 환경요인이 생태공간과 먹이와 관련하여 특정한 외모, 성장, 그리고 습성을 바꾸어놓는지를 밝히려고 한다.

　동굴곤들매기의 연구는 이 조그만 물고기가 어떻게 사느냐가 중요한 것이 아니다. 물론 동굴곤들매기의 연구를 통해서 진화에 관한 몇 개의 사실과 다른 물고기들과 비교하여 커다란 차이점을 발견할 수도 있을 것이다. 우리가 동굴곤들매기를 통해서 배울 수 있는 것은 생물학적 다양성이 어떻게 생성되는가이며, 미바튼 지역의 동굴은 이를 위한 일종의 연구모델이다. 모든 것이 생생하게 살아 있고 역동적으로 움직이며 선구자 정신으로 가득 찬 이러한 연구의 조건은 어디서나 찾아볼 수 있는 것이 아니다. 고립된 섬 아이슬란드는 그런 조건을 충족시키고 있다. 이 섬의 동물들은 경쟁자가 적기 때문에 상대적으로 다른 곳보다 좋은 생태학적 환경에서 살고 있다. 아이슬란드에 살고 있는 민물고기는 여섯 종에 지나지 않는다. 민물고기는 고립과 그들의 생태환경이 만들어진 기간이 다른 지역에 비해 상대적으로 짧기 때문에 나름대로 먹이 환경의 토대를 마련한 것이다. 다시 말해 새로운 환경에 처음 등장한 동물은 이를 생존의 기회로 이용한다는 뜻이며 동굴곤들매기가 바로 좋은 예이다.

생명체는 배우다

모든 동굴곤들매기는 똑같은 진화의 과정을 거쳤으며 다만 동굴에 따라 고유한 특성을 갖게 되었다는 사실은 맞는 것일까? 종의 변종과 유전자 풀의 우연한 변화, 흔히 말하는 유전적 부동*이란 무엇인가? 스쿨리는 유전적 부동이 아이슬란드의 자연환경에 매우 특징적인 것이라고 말하며 빙하기가 끝난 후나 어마어마한 화산 폭발 직후 생겨난 환경에 나타나는 새로운 종이 중요한 문제라고 한다. 아이슬란드의 자연환경은 이렇게 형성되었고 지금도 계속 변화하고 있는 것이다. 이러한 예로서 아이슬란드의 남동부에 있는 부레이다메르쿠르산두르를 들 수 있다. 이곳은 20세기 초까지도 거대한 빙하에 묻혀 있던 곳이다. 지금은 모래퇴적층이 수평방킬로미터까지 확장되어 물고기와 곤충이 서식하고 풀이 무성하게 자랐다. 그곳에 동물이 서식하게 된 과정은 말 그대로 증명이 가능하다. 그러한 서식조건에서는 생명체의 유연성이 없으면 살아남기 어렵다. 생명체의 유연성은 이런 환경을 이해할 수 있는 분명한 척도이다. 또한 동물들과 다른 생명체도 이러한 환경에 영향을 주기 때문에 생태계가 점차 체계를 잡아간다. 생태계가 더욱 견고해지고 고유한 특성을 지니게 되는 생명공동체가 생기는 것이다. 이러한 방법으로 자연도태와 모든 환경요인은 더욱 안정되고 생명체의 유전인자 역

* 개체수 적고 고립된 소집단에서 자연선택이나 돌연변이 없이 우연적 요인에 의해 유전자 빈도가 변하는 경우.

할이 두드러진다.

　동굴곤들매기와 같은 개척종*은 환경에 대한 적응력이 매우 강하고 세대가 바뀔 때마다 다르게 진화했다는 추측이 가능하며 이것은 연구를 통해 증명되었다. 연구팀은 동굴에서 사는 곤들매기를 잡아다 수족관에 옮겨놓고 먹이를 주었다. 이들은 잘 자랐다. 그러나 씽발라바튼에 사는 곤들매기는 수족관에 적응을 하지 못하고 죽고 말았다. 씽발라바튼의 계곡에 사는 난쟁이곤들매기는 유전적으로 훨씬 매우 안정적이다. 미바튼에 사는 동굴곤들매기는 환경변화에 적응력이 강한 반면 난쟁이곤들매기는 환경변화에 매우 민감한 것이다. 이를 통해 학자들은 불안정한 환경에 사는 생물일수록 적응력이 강할 것이라고 생각한다. 그리고 개체들 가운데 우연히 나타난 변종, 유전적 부동이 진화에 영향을 미치는데 이는 동굴곤들매기에서 볼 수 있듯이 개체수가 매우 적기 때문이다.

곤들매기와 빙하기의 물벼룩

아이들과 함께 낚시를 마치고 양들이 다니는 길을 따라 집으로 돌아오면서 나는 작은 곤들매기들이 모든 지역이 영하 20도 아래로 내려가는 겨울을 어떻게 지낼까 생각해보았다. 호수가 얼고, 호수 위에 내린 눈이 얼음카펫처럼 얼어붙으면 동굴곤들매기는 이러한

---

* 새로운 생태계에 처음으로 침입해서 토착하는 종.

조건하에 어떻게 동굴호수 안에서 살아남을 수 있을까? 동굴 안의 물은 지하수이기 때문에 동굴호수가 얼어붙는 일은 절대로 일어나지 않는다. 그리고 지하수의 온도는 항상 연평균온도에 가깝게 유지된다. 곤들매기는 짐작건대 일종의 동면상태로 겨울을 버티면서 봄을 기다리는 것이다.

지하수에 대해 이야기를 나눌 때면 21세기가 시작되기 직전 발견된 아이슬란드의 지하수와 샘물에 사는 생명체가 떠오른다. 이것은 아이슬란드에서 가장 오래된 생명체이다. 이 생명체는 빙하기에도 살아남았을 뿐 아니라 험난한 자연도태의 과정도 이겨냈다. 이것이 바로 작은 갑각류의 일종인 물벼룩이며, 그중 하나가 미바튼의 샘물에서 살고 있고 이는 또한 아이슬란드의 동물 가운데 유일한 종이다. 아이슬란드를 뒤덮었던 빙하기의 빙하는 그 당시의 동물을 거의 멸종시켰으며 지금 아이슬란드에 존재하는 동물의 종들은 빙하기가 끝난 후 생겨난 것이다. 그러나 물벼룩은 얼음으로 뒤덮인 빙하기에도 살아남아 수백만 년 동안 진화하고 있다.

곤들매기는 겨울 동안 깊은 지하수의 어둠 속에서 움직이고 있는 빙하시대의 물벼룩 소리에 귀를 기울이며 지루한 시간을 보낼지도 모른다. 우리가 바라는 것은 작은 동굴곤들매기가 생태계의 다양성을 보존하고 자연 속에서 노는 법을 잊지 않고 있는 아이들에게 기쁨을 줄 수 있도록 앞으로 많은 여름과 겨울을 견뎌내는 것이다.

그룬바튼의 물벼룩

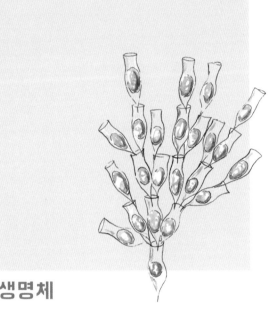

가장 작은 생명체

현미경을 통해 물속의 신기한 세계를 관찰하는 일은 정말 매력적이다. 미바튼 호수의 물방울 하나는 얼핏 보기에 투명하고 아무것도 아닌 것 같지만 아주 작은 생명체들의 우주가 그 안에 담겨 있다. 그것은 우리가 천체망원경을 통하여 우주의 별을 관찰하며 무한한 우주 세계를 체험할 때의 느낌과 비슷하다. 시간과 무한. 이러한 의식은 생명체의 순환 속에서 자기만의 위대함과 이것들의 새로운 질서를 만들어내는 관계들에 대한 느낌을 확장시킨다. 물방울 속의 생명체는 우주 세계와는 정반대라 할 수 있는데 눈으로는 파악할 수 없고 오로지 현미경으로만 알 수 있는 작은 생명체들의 무한한 세계에 대한 매력이 바로 그것이다. 광활한 우주를 관찰할 때는 자신이 소인국 사람처럼 느껴지지만 물방울 속의 세계를 보고 있노라면 자신이 마치 걸리버가 된 듯한 느낌이 든다.

현미경으로 물방울을 관찰하면 작은 동물과 조류藻類들이 보이지만, 이들 사이의 상호작용은 일어나지 않는다. 나의 가장 큰 관심은 진화가 어떻게 이들의 공동체를 만들고 형성해갔는지에 대한 상호간의 작용이다. 모든 생명체가 자유롭게 움직이고 있는 물방울을 관찰해보면 물방울 속의 세계가 우리가 알고 있는 복잡한 행동양식과 다양한 생명체로 이루어진 이 세상의 축소판이란 것을 금방 알 수 있다. 진귀하고 기묘한 모습의 미생물들은 중력과 소리가 없는 우주 안을 둥둥 떠다닌다. 그러나 이것은 도대체 소리와 아무런 관계가 없는 것일까? 아마 물방울의 세계에도 사람들의 청력으로는 들을 수 없는 비밀스럽고 신비한 소리가 있을지 모른다.

맨 처음으로 현미경을 통하여 물방울의 세계를 들여다보았을 때 아주 작은 미생물이 나의 관심을 끌었고 그것이 바로 담수조류라고 불리는 황갈조류임을 알게 되었다. 담수조류는 무수히 작은 단위들이 모여서 하나가 된 둥근 다이아몬드처럼 보였다. 그것은 태양 주위를 회전하는 행성처럼 당당하면서 천천히 원을 그리며 움직이고 있었는데 갑자기 동작을 멈추고 가볍게 몸을 떨다가 다시 다른 방향으로 움직였다. 생각이 달라진 것일까? 담수조류가 어떠한 결정을 내렸는지 공감할 수는 없었지만 말로 표현할 수 없는 신비로움을 느꼈다. 실제로 개개의 담수조류가 서로 연결된 듯이 열을 지어 방향을 바꾸는 모습을 보았던 것이다. 이 미생물이 목표에 따라 방향을 바꾼다는 사실을 알고 깜짝 놀랐다.

미생물은 사람들의 눈에 보이지 않을 만큼 아주 보잘것없지만 그 하찮음에 이들의 위대함과 중요성이 숨어 있다. 이들이 바로 미바튼과 다른 지역에서 생태환경의 기본을 이루기 때문이다.

크기에 따라 분류한 물방울의 세계

물방울 속에 살고 있는 많은 생물체들에게 어떠한 일이 일어나고 있을까? 물방울 속의 세계는 매우 낯설고 이국적인 모습을 보여준다. 기이하면서도 아름다운 형태인데 오스트레일리아 원주민이 만든 예술작품 속의 작은 점들을 떠올리게 하고 무중력 상태의 우주 안을 둥둥 떠다니는 듯하다. 그러나 이는 장식을 위해 점을 찍어놓은 것이 아니라 매우 복잡한 생명의 형태를 보여주는 것이다.

진기하면서 이국적인 물방울의 세계를 쉽게 이해하기 위해 생물학자들이 즐겨 사용하는 범주화의 방법으로 모든 생명체를 크기에 따라 분류할 수 있다. 물방울 속에 사는 생명체는 네 개의 크기로 나뉜다.

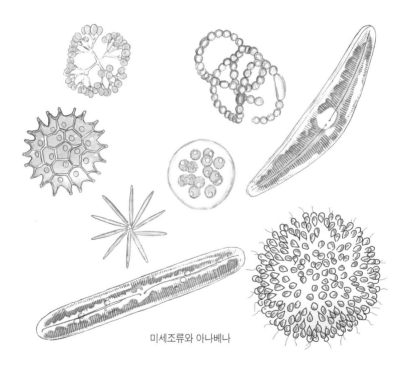

미세조류와 아나베나

티니 티니 티니 스몰: 천 배율의 현미경으로 볼 수 있다. 박테리아가 여기에 속하며 5백 마리가 일렬로 서 있을 때 겨우 1mm가 될 정도로 작다.

티니 티니 스몰: 현미경적인 작은 조류와 작은 단세포생물을 말한다. 현미경적이란 현미경이 있어야 구분할 수 있을 정도의 작은 것을 뜻한다. 이 생명체의 대부분은 아메바처럼 단세포이다. 열에서 스무 마리의 개체가 열을 지으면 1mm 정도의 크기가 된다.

티니 스몰: 윤형동물과 섬모충류가 여기에 속한다. 이들 역시 현미경적으로 작다. 윤형동물은 다세포이나 섬모충류는 단세포생물이다. 다양한 미세조류가 여기에 속하며 다세포인 이들은 담수조류처럼 여러 마리가 열을 지어 산다. 약 0.25mm의 미생물이 여기에 속한다.

스몰: 모기유충과 갑각류가 여기에 속한다. 가장 작은 갑각류는 약 1mm이며 육안으로 확인할 수 있다. 이에 반하여 모기유충은 성장 과정에 따라 2mm까지 클 수 있다.

물방울 속에서 보이는 것들

물방울을 현미경으로 관찰하면 무엇이 보일까? 다양한 형태의 조류와 미생물이 이리저리 떠다니는 것을 볼 수 있다. 얼핏 보면 이 환상적인 생명체가 물속을 자기 의지와 상관없이 떠다니는 것 같지만 자세히 관찰하면 이들도 스스로 움직이고 있다는 것을 알게 된다. 많은 미생물들이 물살에 떠밀려 다니기도 하지만 때로는 자기가 원하는 곳으로 갈 수 있는 수단을 가지고 있다. 어떤 종류는 자기 몸을 움직일 수 있는 기능이 있는가 하면 어떤 것들은 물에 가라앉는 속도를 늦추는 능력이 있고, 또 다른 것들은 헤엄을 칠 수도 있다.

돌말류에는 부메랑 형태가 있는데 이들은 오스트레일리아 원주민들이 사용하는 부메랑처럼 움직였던 곳으로 다시 돌아오는 습성이 있다. 또한 바늘, 동전, 그리고 별 모양의 돌말류도 있다.

구슬 모양의 우로글레나는 다른 미생물을 초연한 듯이 당당하면서 천천히 움직이고, 길다. 황갈조류는 떼를 지어 다님으로써 위험을 피하기도 한다. 군집을 이루어 사는 이 조류는 채찍처럼 흔드는 두 개의 수염이 있고 이것을 전체적으로 움직여 구슬 모양의 집단이 물속에서 천천히 움직인다.

이에 반하여 윤형동물은 쉬지 않고 매우 활발하게 움직인다. 이들은 수없이 많은 섬모를 왕관처럼 쓰고 있어서 활발한 움직임이 가능하다. 이 섬모가 마치 굴러가는 바퀴처럼 물살을 헤쳐 앞으로 움직이면서 박테리아와 같은 것을 잡아먹는다. 물속에 사는 윤형동물 가운데 가장 큰 것이 자루윤형동물인데 이 동물은 화려하게 속이 채워진 자루처럼 생겼다. 자루윤형동물은 천천히 움직이면서 자기 주둥이 앞에 있는 먹이를 모두 잡아먹는데 반쯤 투명하여 밝은 조명 아래 현미경으로 관찰하면 그 뱃속에 다양한 조류와 갑각류를 잡아먹은 것이 보인다.

섬모충류도 쉴 새 없이 움직인다. 이 작은 생명체는 마치 테니스공처럼 갑자기 사람의 시야 밖으로 벗어나기도 한다. 그리고 정지할 때는 극도로 빨리 자기 몸 중심을 축으로 몸의 방향을 바꾼다. 비교적 몸집이 큰 섬모충류는 천천히 움직이기 때문에 관찰하기가 훨씬 쉽다. 이들은 온몸이 섬모로 뒤덮여 있고 이것이 마치 바람결에 흔들리는 옥수수밭처럼 보이며 섬모의 움직임을 통해 이동한다.

원시생물의 대표적인 예인 단세포생물 아메바도 위족운동을 통해 앞으로 기어다닌다. 아메바는 몸의 형체를 바꾸고 확장시키는데 그 모습이 마치 일본 만화영화에 나오는 끈적거리는 액체 덩어리와 같이 무서워 보인다. 이들은 이동하면서 앞에 나타나는 것을 잡아먹는다.

미생물 가운데 가장 작은 것 중 하나이며 분류상 가장 낮은 축에는 박테리아가 있다. 대부분의 박테리아는 나선형이며 물속에서 나사가 돌듯 돌며 움직인다. 이러한 운동방식은 지구상에 사는 생명체 가운데 박테리아가 유일하다. 박테리아는 모든 일에 무관심한 채 잡아먹히기만 기다리는 것처럼 보인다. 하지만 박테리아는 미생물 하류 분류의 먹이사슬에 매우 중요한 역할을 한다.

물방울 속에는 아나베나라는 상당히 큰 박테리아도 있다. 아나베나는 광합성작용을 할 수 있으며 박테리아의 세계에서는 거인에 속한다. 여기서 남조류에 대해 잠깐 이야기하고 넘어가야 하는데,

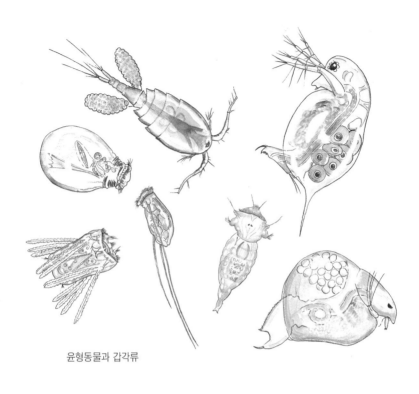

윤형동물과 갑각류

그 이유는 미바튼 사람들이 말하는 "호수의 개펄화"라는 녹조현상의 원인이 바로 남조류이기 때문이다. 녹조현상이 일어나면 호수는 끈적거리는 녹색의 죽처럼 변한다. 남조류는 커다란 구슬 모양의 세포가 진주목걸이처럼 길게 이어진 모양이다. 이렇게 연결된 사슬 안에는 보석처럼 반짝이는 특별한 세포가 있는데 이것이 일종의 거름을 만드는 공장과 같은 역할을 하며 여기에서 질소가 발생

한다. 아나베나는 몸 안에 헤엄을 칠 수 있는 특별한 기관이 있는데 원형질 안에 공기 캡슐로 가득 채워진 공간이 마련되어 있는 것이다. 그러나 이것은 전자현미경으로만 관찰할 수 있을 정도로 매우 작다. 아나베나는 캡슐 안의 공기를 조절하여 수면으로 떠오르기도 한다. 이들은 다른 조류처럼 광합성작용을 하기 위해 빛을 쫓아다니며, 이러한 이유 때문에 오래전부터 조류로 분류되었다. 남조류가 많아지면 물속의 햇빛이 차단되기 때문에 모든 미생물이 수면으로 몰려든나. 이렇게 되면 물은 끈석거리는 녹색의 숲으로 변한다. 생물학자들은 7월과 8월, 여름에 빈번하게 나타나는 이 현상을 녹조화현상이라고 한다.

방어장비

물방울 속에서는 삶이 약동하는 대도시처럼 여러 가지 일들이 활발하게 일어난다. 나는 현미경을 통하여 한동안 놀라운 광경에 빠져 있었다. 그리고 미생물의 세계도 우리가 눈으로 보는 세상처럼 일정한 규칙에 따라 움직인다는 사실을 알았다. 그들의 세상도 우리와 마찬가지로 경쟁자로 가득 차고 잔혹함도 있었다. 쏜살같이 빠른 물고기는 행동이 느린 조류를 공격하고 동물들은 모두가 서로 잡아먹거나 또 잡아먹히지 않으려 애를 쓴다. 일용할 양식, 영양소, 빛과 피난처를 위한 경쟁이 모든 곳을 지배한다.

대부분의 미생물은 잡아먹히지 않기 위해 자신을 방어할 능력이 있다. 현미경을 통해 보면 미생물의 방어능력이 얼마나 창의적이고 지혜로운지, 이들이 방어무기를 얼마나 잘 운용하는지 단번에 알 수 있다. 작은 생명체는 다른 동물에게 잡아먹히지 않기 위해 많은 에너지가 필요하다. 작은 미생물을 잡아먹고 멸종시킬 수 있었던 동물은 많이 있다. 몇몇 동물들이 매우 민첩하게 움직이면서 그들의 도피본능을 믿는가 하면, 또 다른 동물들은 보호막 속으로 숨기도 한다. 조개가 바로 이런 경우이다. 대부분 조류들은 딱딱한 껍데기를 만들어 자기 몸을 감싸는데 이 껍데기는 빛과 영양소를 통과시킬 수 있지만 규석이나 섬유소, 아니면 두꺼운 세포벽과 같은 단단한 물질로 되어 있어 뚫기가 쉽지 않다. 규조류는 아주 작은 구멍이 난 투명한 유리와 같은 물질로 몸을 감싸고 있다. 사람들도 온몸을 젤리와 같은 물질로 감싸고 있으면 다른 동물들로부터 보호를 받을 것이다. 커다란 먹이를 잡아먹으려는 동물은 입이 커야 하고 많은 영양분이 필요한 덩치 큰 동물이 입이 크다.

많은 생명체는 다른 동물에게 쉽게 잡아먹히지 않기 위한 뿔이나 바늘이 있다. 또한 작은 생명체들은 전형적인 방어 메커니즘을 가지고 있는데, 바로 무리를 이루어 사는 것이다. 이는 그들에게 가장 이상적인 전술이다. 새끼들은 어미에게 바싹 달라붙어 하나의 무리를 만든다. 열 내지 백 마리의 개체가 모이거나, 말할 것도 없이 천 또는 수천 마리의 개체수가 되면 잡아먹힐 가능성이 적어진다.

이러한 방식으로 공룡이 생겨난 것이다. 생명체가 크면 클수록 적들의 위협은 줄어든다.

번식방법

미생물은 어떻게 번식을 하며, 이들 또한 짝짓기를 하는지 궁금할 것이다. 결론부터 말하면 미생물의 짝짓기는 아주 싱겁고 종류에 따라 많은 차이가 있다.

박테리아와 미세조류는 대부분 영양번식이란 방법으로 번식하는데, 영양기관 일부가 떨어져 나와 새로운 개체가 된다. 이들은 아주 쉬우면서도 감동적인 방법으로 자신을 복제하여 개체수를 늘려간다. 모든 개체들은 유전자가 똑같이 복제된다. 다시 말하면 개체들은 모두 동일한 유전자를 지니게 되는 것이다.

물론 조류들도 암수 짝짓기를 통해 번식하는 시기가 있다. 이 번식은 주로 생식환경이 어려워지는 가을에 일어나며 이때 유전자가 서로 섞이면서 이것이 종의 보존을 위한 전제조건이 된다. 진화의 역사에서 살아남은 종들은 어떠한 방법으로든지 암수가 서로 짝짓기를 하여 유전자를 주고받은 것들이다.

미생물의 수명을 생각해보면 이들의 세계에는 우리와 다른 시간 개념이 있음을 상상해볼 수 있다. 우리는 미생물의 나이를 알 수 있을까? 미바튼에 살고 있는 미생물의 수명은 사나흘, 또는 길어야 몇 주에 불과하다. 이것은 계절에 따라 다르고 봄이 되면 새로운 생명이 태어나 여름에 번식을 하다가 호수가 얼음으로 덮이는 가을이 오면 생명이 다하고 영원한 안식을 맞는다. 그러나 난세포와 포자는 계속 살아남아 땅속의 씨앗처럼 봄을 기다리는 것이다.

구슬똥을 기억하며

대부분의 사람들은 미바튼 지역이 기적과 같은 자연의 축복을 많이 받은 것을 인정한다. 미바튼에는 아름다운 산맥, 많은 종류의 오리, 유사 분화구, 온천과 동굴곤들매기가 있다. 하지만 이게 전부는 아니다. 이 세상의 기적 가운데 하나가 호수 바닥 속에 감추어져 있다. 그것은 바로 완벽한 공 모양의 녹조류 구슬똥*이다. 우리가 살고 있는 지구와 똑같은 모양을 하고 있기 때문에 로맨틱한 감정을 불러일으키기도 하지만, 부드러운 벨벳으로 만든 것 같은 이 녹조류를 많은 사람들이 "구슬똥"이란 이름만 듣고 더럽고 흉측한 것으로 생각한다. 이 녹조류 안에는 인간들이 살고 있는 행성에 대한 사랑이 무의식적으로 또는 완전히 의식적으로 반영되어 있다. 그것은 우주 안에 있는 우리들의 유일한 안식처인 지구에 대한 집단적인 애착이다.

구슬똥은 미바튼에서 물고기를 잡으며 살던 어부들이 붙인 이름이다. 어부들은 다른 수초와 함께 그물에 걸린 구슬똥을 물속으로 다시 버리곤 했다. 어부들은 그물에 걸린 모든 쓸모없는 수초들을 똥이라고 불렀고 모양에 따라 별명이 생겼는데 그중 하나가 바로 구슬똥이다. 구슬똥이란 이름은 입에서 입으로 계속 전해졌으며 그 이름이 호수의 원주민에 의해 지어졌다는 것은 자랑스러운 일이다.

---

* 마리모. 미바튼 호수와 일본의 아칸 호수에 자생하는 공 모양의 조류.

구슬똥의 생물학적 특성

구슬똥은 특별한 형태의 녹조류이며 라틴어 학명은 아에가그로필라 린나에이Aegagropila linnaei이다. 아에가그로필라는 가축의 위장 안에서 볼 수 있는 섬유로 된 구슬을 말하며 린나에이는 칼 폰 린네와 밀접한 연관이 있다. 린네는 18세기 스웨덴의 생물학자로서 동물과 식물의 범주를 나누고 속과 종을 분류하면서 지금도 사용하고 있는 이명법*을 도입했다. 그러나 린네가 생물의 진화연구에 기여한 것은 전혀 없었고 다만 마치 그가 노아의 일을 도와주기라도 한 듯 신의 피조물을 체계적으로 분류한 것뿐이었다.

구슬똥과 비슷한 조류 가운데 하나는 아이슬란드 물솜털이다. 이것은 엄지손톱만 한 크기의 작은 실뭉치처럼 생겼다. 그리고 또 다른 하나는 호수 바닥의 돌 위에 사는데 사람들은 이것을 "물의 우아" 또는 "돌의 우아"라고 부른다.

구슬똥은 어느 정도까지 성장하며 이들도 감각기관이 있을까? 미바튼 호수에 사는 구슬똥은 오렌지만 하거나 이보다 조금 더 크게 성장한다. 나는 일본의 아칸 호수에서 축구공만 한 구슬똥을 본 적이 있다. 미바튼 호수에서 구슬똥을 직접 만져볼 수 있다고 상상해보라. 털실 뭉치 같은 구슬똥은 벨벳처럼 부드러우며 물을 머금

---

* 동식물의 학명을 정할 때 동물 자체의 이름인 종명 옆에 그 종의 소속을 밝히는 속명을 함께 적는 것을 가리킨다. 예를 들어 인간을 가리키는 '호모 사피엔스'에서 '호모'는 속을, '사피엔스'는 종을 가리킨다.

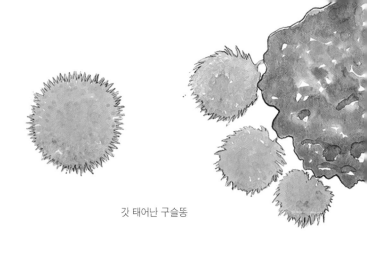

갓 태어난 구슬똥

고 있어서 묵직하다. 구슬똥을 손에 쥐고 조심스럽게 누르면 스펀지에서 물이 나오듯 머금었던 물이 빠져나온다. 물이 빠진 구슬똥은 조금 있다가 다시 부풀어 올라 불면 날아갈 정도로 가벼워진다.

구슬똥은 어떻게 번식할까? 이 담수조류는 1.5에서 2m 깊이의 물속에 있는 평평한 바위 위에 주로 서식한다. 구슬똥은 물결의 움직임에 의해 둥근 모양으로 촘촘해진다. 구슬똥의 크기가 커질수록 물결의 움직임에 더 잘 적응한다. 그리고 적당하게 커지면 바위에서 떨어져 나와 자유롭게 움직인다. 구슬똥은 바람결에 흔들리는 물결을 따라 호수 안에서 움직인다. 이렇게 구슬똥은 물살이 서로 만나 소용돌이를 일으키는 곳에 이를 때까지 여러 달을 떠다니다가 그곳에서 일종의 군락지를 이룬다.

구슬똥을 자세히 살펴보면 겉과 속이 모두 똑같이 녹색임을 알 수 있다. 사실 구슬똥의 속은 가는 사상체로 이루어졌고 비록 빛이 구슬똥의 속까지 이르지 못하지만 엽록체로 가득 채워져 있다. 이 담수조류가 어느 정도까지 성장하는지는 정확히 알려져 있지 않지만 일 년 이상 사는 것은 분명하다. 말하자면 구슬똥은 다년생인 것이다. 구슬똥은 스펀지와 같은 형태이며 전체의 밀도가 거의 균일하다. 구슬똥의 한가운데는 딱딱한 씨 같은 것도 없고 때로는 물로만 차 있는 빈 공간이기도 하다.

공 모양의 식물은 아주 드물지만 일찍이 선인장에서 이러한 모양을 볼 수 있었다. 거의 모든 식물은 체적에 비교하여 가능한 넓은 표면을 발달시켰고 이 때문에 나뭇잎은 대부분 두께가 얇다. 공 모양의 식물은 체적과 비교해볼 때 크게 자랄수록 표면은 작아진다. 공 모양은 체적에 비해 가장 적은 표면을 갖기 때문에 식물에게는 불리하다. 이 때문에 구슬똥은 일정한 크기까지만 성장하고 매우 많은 일조량이 필요하다.

공 모양 형태의 식물이 광합성작용을 하기엔 불리하기 때문에 이러한 모양의 식물들은 다른 장점을 가지고 있어야만 한다. 공 모양의 식물은 침전물이 많이 쌓여 진흙과 같은 호수의 바닥에서 살기에 적당하다. 호수의 수중식물들은 호수 바닥에 뿌리를 내려 자기의 몸을 고정시켜놓고 빛을 따라 방향을 바꾸며 광합성작용을 한다. 구슬똥은 뿌리가 없고 빛을 향해 뻗어나갈 줄기도 없다. 구슬똥이 움직이지 않고 바닥에 머물러 있게 되면 그 위에 쌓이는 침전물에 묻혀 죽게 될 것이다. 구슬똥의 형체는 호수 바닥의 침전물이제 몸에 쌓이지 않게 하는 역할을 한다. 이보다 더 중요한 것은 물결의 움직임에 따라 호수 바닥을 이동하면서 자기 몸에 쌓인 불순물을 닦아내는 것이다. 구슬똥은 물결에 따라 몸을 자유자재로 회전시키면서 몸 전체가 빛을 받을 수 있고, 바로 그렇기 때문에 항상 녹색을 띠고 있다.

자연이 만든 구슬똥 천국

우리가 햇살 아래 반짝거리는 호수로 소풍을 갔던 날은 한여름의 환상적인 날이었다. 호숫물은 밑바닥까지 훤히 보일 정도로 맑고 투명했다. 물이 이렇게 맑게 보이는 날은 미바튼에서 일 년에 겨우 며칠밖에 없을 정도로 드물었다. 떠다니는 수초들 때문에 물속이 보이지 않을 정도로 물이 탁한 것이 보통이었기 때문이다. 우리는 경쾌하게 통통거리는 모터보트를 타고 천천히 호수 위를 미끄러져 앞으로 갔다. 잠시 후에 모터를 껐다. 내가 새떼를 관찰하고 있는 동안 배는 고요한 바람결에 저절로 움직였다. 짝을 짓거나 무리를 이루어 날아다니고 헤엄치는 오리가 어마어마하게 많았다. 지느러미발도요는 짝짓기가 한참이었고, 아비새들은 해안경비대의 쾌속정과 같이 엄청난 속도로 수면 위에서 물살을 헤치며 날아올랐다. 백송고리 한 마리가 쏜살처럼 물속으로 곤두박질을 친 후 유유하게 절벽 꼭대기로 날아가 앉았다. 보트 주변에는 고치에서 깨어난 모기유충들이 쉴 새 없이 수면 위로 떠올라 활기찬 새 삶을 찾아 날아갔다. 이들이 남겨놓은 고치는 야외축제가 끝난 후 버려진 쓰레기처럼 수면 위에 떠다녔다.

기억에 남을 만한 그날 우리는 물속을 통해 호수 바닥을 볼 수 있었다. 마치 전혀 몰랐던 세계가 새롭게 열리는 것 같았다. 눈앞에 구슬똥의 평야가 끝없이 펼쳐져 있었다. 자연이 만든 구슬똥 천국을 미끄러지듯 걷고 있는 것 같았다. 마치 어린아이처럼 우리는 물속으로 첨벙 뛰어들어 녹색의 비단 같은 구슬똥을 밟고 다녔다. 상자에 층층이 들어찬 프랄리넷 초콜릿*처럼 구슬똥이 두세 겹의 층을 이루어 쌓여 있었다. 맨 아래에 있는 구슬똥은 물결이 세게 일어 층이 섞이지 않으면 죽고 만다. 그런데 이들은 빛을 받지 않고도 여러 달을 지탱한다. 구슬똥은 살아남기 위한 영양분을 저장할 수 있고 엽록체가 오랜 기간 동안 살아남을 수 있다고 알려져 있다.

이들은 햇빛이 화창한 여름날 서로를 껴안고 부드럽게 쓰다듬어주면서 물결을 따라 가볍게 떠다니는 것처럼 보였다.

일본에 사는 구슬똥 사촌

1980년대 미바튼에서 생물학자들이 구슬똥의 존재를 확인했을 때까지만 하더라도 그들은 식물들에게 이처럼 놀라운 세계가 있었

---

* 속에 크림이나 리쾨르를 넣은 초콜릿.

는지 전혀 몰랐었다. 그리고 그들은 여기에 무언가 아주 중요한 것이 숨어 있다고 생각했다. 그들이 아는 바로 이런 생물은 아이슬란드나 유럽에 없었기 때문이었다. 인터넷 통신망이 생긴 지 얼마 지나지 않아 일본으로부터 녹색 공 모양의 식물에 대해 문의하는 이메일이 날아왔을 때 이들은 기쁘지 않을 수 없었다. 인터넷을 통해 미바튼의 구슬똥에 관한 자연연구소의 기사를 읽은 일본 사람들은 여기에 관심을 갖고 더 많은 것을 알고 싶어 했다. 그러면서 그들은 일본 홋카이도 아칸 호수에도 이와 같은 담수조류가 있다고 말했다. 아칸과 미바튼 호수를 연구하던 학자들은 서로 긴밀한 협조를 하면서 두 호수에 있는 구슬똥에 관한 공동연구를 시작했다.

지구의 끝에서 끝에 있는 두 호수 사이에 어떠한 비밀이 숨어 있는 것일까? 두 호수에 구슬똥과 같은 담수조류가 생겨나 살 수 있으려면 어떠한 생태환경이 주어져야 하는가? 두 개의 담수조류가 아주 멀리 떨어져 산다는 것이 매우 흥미롭다. 더구나 이들이 사는 호수에는 공통점이 있다. 바로 이 호수들이 있는 곳이 화산활동이 활발한 지역이라서 지열이 많다는 점이다. 그러나 이것만으로는 두 호수에 구슬똥이 사는 데 대한 충분한 설명이 되지 않는다.

오래전에는 구슬똥의 집단서식지가 다른 나라의 호수에도 있었지만 대부분 사라지고 말았다. 크기가 작은 구상체 조류는 북반구의 여러 곳에서 살고 있다. 하지만 미바튼과 아칸 호수에는 유별나게 큰 구상체 조류가 군집을 이루어 서식하고 있다.

일본의 구슬똥은 아이슬란드의 것과 아주 다른 상황에 놓여 있다. 우선 일본의 구슬똥은 이름부터 남다르다. 일본에서는 구슬똥을 마리모라는 예쁜 이름으로 부른다. 이 이름을 연달아 몇 번 불러보면 벨벳처럼 부드럽게 살아있는 녹색 공이 떠오르면서 이 식물의 포근함을 느끼게 된다. 마리모, 마리모, 마리모…… 이 이름을 입안에서 나지막이 웅얼거리고 있으면 마치 최면에 걸린 기분이 든다. 사실 이 이름도 의미는 아이슬란드의 구슬똥과 똑같다. 마리모는 공 모양의 수초란 뜻인데 일본 어부들도 미바튼 호수의 어부들처럼 이 수초를 아무런 쓸데없는 오물로 여겼었다. 일본은 이미 20세기 초에 구슬똥을 특수 천연기념물로 정하고 1967년부터 엄격한 자연보호종으로 관리하고 있다. 이는 구슬똥이 살고 있는 아칸 호수와 그 주변의 수질 관리를 철저하게 하고 있음을 말한다. 아칸 호수는 오염물질이 유입되지 않아 매우 깨끗하고 맑은 물을 유지하고 있다.

사람들은 이 녹색 식물을 1897년 처음 발견하였고 발견하자마자 마리모라는 부르기 쉬운 이름을 붙여주었다. 세월이 흐르면서 이 담수조류는 국가적인 관심을 끌게 되었고 거의 모든 아이들이 알 정도로 유명해졌다. 웃음거리가 될 정도로 지나치게 모두가 구슬똥을 너무 아끼고 좋아했다. 구슬똥이 가축이나 반려동물이 아니라 하나의 식물이라는 사실을 잊을 정도로 사람들은 그것을 떠받들었다. 길거리에서 만나는 사람들에게 마리모에 대해 물어보면 아이고 어른이고 할 것 없이 열을 내어가며 설명했다. 일본 사람들은 기발한 생각을 잘 한다. 어떤 한 대상을 존경하고 좋아하기로 마음먹으면 그들의 존경심과 칭찬은 끝날 줄을 모른다. 이들은 공처럼 둥근 이 담수조류를 팝스타와 판다곰처럼 신격화했다. 아이들에게 마리모에 대해서 물어보면 너무 좋아 흥분한 나머지 눈물을 보일 정도로 환호했고 어른들은 사랑에 빠진 학생들처럼 흐뭇한 미소를 지었다.

2012년 가을 나는 구슬똥의 발견을 기념하기 위한 행사에 참여할 기회가 있었다. 정확히 60년 전에 일본은 구슬똥을 천연기념물로 지정했고 그것을 계기로 세계적인 마리모 연구 전문가들이 참석하는 국제학술대회를 개최했다. 발표자는 세 명뿐이었는데 그 가운데 한 사람이 물론 아이슬란드의 학자였다. 그의 이름은 아르니 에인아르손이었는데 일본 사람들은 그를 아르니 상이라고 불렀다. 또 한 사람은 주최국인 일본의 이사무 와카나였으며, 나머지 한 사람은 뉴질랜드에서 살면서 마리모에 대한 유전적 연구를 하는 독일인 크리스티안 뵈데커였다.

학술대회의 좌장인 이사무 와카나는 많은 관계자들과 함께 쿠시로 공항에서 우리를 맞아주었고 우리는 미니버스를 타고 아칸 호수로 향했다. 자동차로 한 시간 정도 걸리는 거리였다. 버스 안에서 나는 크리스티안과 이야기를 나누었는데 그가 2005년 일 년 동안 아이슬란드에 머물렀고 그해 가을 미바튼을 여행하며 미바튼 자연연구소를 방문했다는 것을 알게 되었다. 그때만 하더라도 거기엔 영국 출신 생물학전공 대학생 한 명뿐이었는데 그가 수족관에 있는 구슬똥을 그에게 보여줬다고 했다. 크리스티안은 미바튼을 찾았을 때 스쿠투스타디르의 유사 분화구 위를 날고 있는 백송고리를 보았다고 했다. "맞아요…… 그 새는 분명히 요카스타일 거예요. 이제는 열세 살이 되었고 아직도 딤무보르기르에 살고 있어요." 그의 말에 내가 맞장구를 쳤다. "지금은 수놈 새끼와 함께 살고 있지요. 새끼가 어미한테로 돌아와 함께 지내고 있어요." 크리스티안은 머나먼 아이슬란드에서 온 여자를 일본에서 만나 이야기를 나눈 지 얼마 안 되어 그 여자도 자신이 7년 전에 본 새를 알고 있다는 사실에 매우 놀라워했다. 더구나 그 새가 야생에 사는 백송고리라니!

크리스티안은 지구상에 사는 다양한 구슬똥의 표본을 수집하여 유전학적인 연구를 하고 있었다. 그가 얻은 결론은 구슬똥 사이에서 유전적 변화는 생기지 않았다는 것이다. 그리고 구슬똥은 빙하기 이전부터 널리 분포하여 살았던 생물임을 확신하고 있었다.

아칸 호수에 도착했을 때 나는 그곳이 특별한 지역이란 것을 금방 알 수 있었다. 그곳에선 구슬똥이 모든 것의 중심이었다. 시내 중심에서 호수까지 이르는 길에는 고급호텔, 레스토랑, 찻집이 있었고 이들 사이에 구슬똥과 관련된 수많은 상품을 진열해놓은 상점들이 있었다. 플라스틱으로 만든 크고 작은 구슬똥, 구슬똥 모양의 머그잔, 녹색의 액체가 흘러내리는 구슬똥 모래시계, 구슬똥 열쇠고리, 웃는 구슬똥 모양의 머리끈, 구슬똥 테이프, 구슬똥 볼펜, 구슬똥 연필, 구슬똥 모양의 지갑, 구슬똥 휴대폰고리, 구슬똥 사진이 있는 메모장과 달력. 온통 구슬똥과 관련된 것이었다. 녹색의 작은 얼음알갱이로 장식한 구슬똥 아이스크림도 있었다.

아칸 호수는 국립공원 한가운데 자리 잡고 있다. 해마다 수많은 사람들이 홋카이도에 있는 아칸 호수로 구슬똥을 보러 온다. 그리고 우연찮게 원주민들이 일본 구슬똥을 돌보는 일을 맡게 되었고 이를 중심으로 독특한 생활방식이 만들어졌다. 아이누는 홋카이도의 원주민이며 그들만의 고유한 전통과 문화를 가지고 있다. 이들은 전쟁에 휘말려 오랜 세월 아시아 지역을 떠돌다 마침내 홋카이도 섬에 정착하였다. 아이누는 체격과 피부색이 일본인들과 다르다. 이들에게는 고유 언어와 전통음악이 있고 아이누의 전통문양으로 장식한 전통의상을 입고 다니며 고기를 잡는 방식도 독특하다. 그러나 20세기 초 아칸 호수 지역이 자연보호구역으로 지정되고 국립공원이 되자 아이누족은 생계의 어려움에 직면하게 되었다. 아이누족은 더 이상 어업을 할 수 없었고 이로 인하여 삶의 터전을 잃고 만 것이다. 그럴 즈음 영향력 있는 어떤 한 사람이 아이누족을 구슬똥, 즉 마리모의 수호자로 만들자는 아이디어를 내놓았다. 아이누족은 그들만의 특별한 전통과 곰축제, 전통의상축제, 언어축제, 제사의식, 달축제 등 다양한 축제문화를 이어왔다. 사람들은 이러한 전통에서 구슬똥 축제를 고안해낸 것이다. 이렇게 하여 1950년 아칸 호수에서 처음으로 사흘간 마리모 축제가 열리게 되었다. 이 축제는 해마다 가을에 개최되었고 마침내 전통축제의 하나로 자리를 잡았다. 많은 사람들이 이곳으로 몰려왔고 아칸 호수의 관광산업은 급속도로 발전했다. 이 축제가 구슬똥뿐만 아니라 위기에 처한 아이누족을 구한 것이다.

불쌍한 게오르게

구슬똥은 녹색의 모든 좋은 것, 생태학적으로 싱싱하고 푸르른 지구에 대한 상징이다. 내가 맑디맑은 물속에서 어마어마한 구슬똥을 본 지 일 년이 지나, 정확히 말하면 2006년에 미바튼의 구슬똥도 천연기념물로 지정되었다. 그러나 몇 년 지나지 않아 구슬똥은 호수에서 사라지고 말았다. 2014년 미바튼에서 마지막으로 구슬똥을 본 사람은 일본의 구슬똥 전문가 이사무 와카나였다. 생물학자들은 그동안 어떠한 일이 일어났는지, 또 그렇게 짧은 시간 동안 구슬똥 집단서식지가 완전히 사라진 사실을 너무 늦게 알게 되었다. 그사이 구슬똥은 생태계가 아주 불안정한 상태에 놓여 있음을 말해주는 상징이 되었다.

우리 집에는 화분대 위에 올려놓은 투명한 용기 안에서 관상용 구슬똥이 아주 잘 자라고 있다. 나는 그것을 벌써 여러 해 전부터 키우고 있는데 빛을 잘 쪼여주고 두세 달에 한 번 물만 갈아주면 될 정도로 키우기가 어렵지 않다. 그러나 몇 년 전까지만 하더라도 무리를 지어 살던 이 구슬똥은 이제 혼자 남게 되었다.

이 사실은 내가 1985년 갈라파고스 제도에서 알게 된 게오르게라는 불쌍한 거북이를 떠올리게 했다. 게오르게는 1971년 핀타 섬에서 "발견"되었고 그 종의 마지막 한 마리로 여겨졌다. 언제부터인가 사람들은 그 섬에 염소를 방목하여 키웠고 시간이 흐르면서 풀을 뜯어 먹고 살던 목이 긴 대형거북이들이 점점 굶어 죽을 정도로 염소들이 초원의 풀을 닥치는 대로 먹어가며 번식했다. 사람들은 게오르게를 보호하기 위해 산타크루즈에 있는 다윈재단연구소로 데려왔고 게오르게와 같은 종의 암컷을 찾으려 노력했으나 그러한 거북이는 그 어디에도 있지 않았다. 사람들은 게오르게를 그와 비슷한 종의 암컷과 짝을 지어주었다. 그 거북이는 이사벨라 섬의 화산분화구에서 살던 거북이였다. 그러나 짝짓기는 실패하고 말았다. 알이 모두 무정란이었던 것이다. 2012년 게오르게는 자기를 40년 동안 돌봐주던 사육사에 의해 죽은 채로 발견되었다. 게오르게는 심장마비로 죽었고, 게오르게가 죽음으로 인해 그 같은 거북이는 멸종하고 말았다. 게오르게가 죽었을 때 나이가 백 살이었는데 2백 년 이상을 사는 대형거북이를 생각해보면 게오르게는 너무 어린 나이에 죽은 것이다.

나는 멜랑콜리한 기분으로 내가 키우는 구슬똥을 자세히 들여다보았다. 그러자 '구슬똥이 다시 미바튼 호수로 돌아올 날이 있을까? 그런 희망은 그저 헛된 것일까?' 하는 생각이 들었다. 희귀한 생물이 자신들의 서식지에서 멸종하는 것을 아무런 대책 없이 바라만 보고 있었다는 것은 정말 기가 막힌 노릇이다. 그 책임은 누구에게 있는 것일까? 일본 사람들은 마리모를 잘 보존했는데 아이슬란드는 왜 그러지 못했을까? 그리고 이 사실은 미바튼 생태환경에 무엇을 의미하는 것일까? 이사무 와카나가 말한 것처럼 구슬똥은 담수호의 건강함을 알려주는 척도이다. 구슬똥은 오염에 아주 민감하고 외부환경에 많은 영향을 받기 때문이다.

미바튼 자연연구소의 생물학자들은 이러한 결과가 일어나기까지 충분한 시간을 가지고 관찰한 자료가 없기 때문에 구슬똥 멸종 원인에 대해서 매우 조심스럽다. 하지만 이들은 빛이 부족했기 때문이라고 말하고 있다. 물속에서 매우 빠른 박테리아의 성장으로 인하여 오랫동안 빛이 부족했고 그로 인해 구슬똥이 멸종한 것이라고 보는 것이다. 그렇다면 박테리아는 왜 급속하게 불어났을까? 그것은 많은 사람들의 정착, 농업, 산업 등 우리 인간들에 의한 부영양화 때문이다.

호수 밑바닥의 어마어마한 퇴적암을 파괴시킨 규조토공장과 호수 주변 주거지역에서 발생하는 오수의 불충분한 관리가 이러한 결과를 가져온 것이 아닐까 생각한다. 미바튼 호수는 너무 늦게 자연보호구역으로 지정되었던 것일까? 이것만으로는 폐·오수의 문제를 해결하는 데 충분하지 않았던 걸까? 그동안 미바튼 주민들은 관광산업에 중점을 두었지만 구슬똥과 같은 자연의 보물은 이제 더 이상 관광객들에게 보여줄 수 없게 되었다. 미마튼과의 파트너십이 놀랄 만큼 잘 이루어지고 있는 일본 아칸 호수의 예는 분명히 좋은 본보기가 될 것이다.

하지만 생물학자들은 이런 상황에서도 희망을 잃지 않고 있다. 이들은 생태환경이 개선되면 구슬똥이 돌아올 것이라고 믿고 있다. 남조류의 강력한 번식을 억제함으로써 일조량이 개선되면, 어쩌면 수십 년 안에 과거의 모습으로 돌아갈 수 있을 거라고 학자들은 말한다. 호수 바닥이 지금보다 훨씬 맑아지면 구슬똥은 돌아올 것이다. 그때까지 우리는 모든 것이 지금보다 훨씬 더 아름다웠던 시절 아르니 에인아르손이 쓴 구슬똥에 관한 노래를 부르는 것으로 만족해야만 할 것이다.

호수 속 구슬똥은 얌전히 몸을 움직여
부드러운 화단 위를 굴러간다.
구슬똥은 고요한 밤이 산꼭대기에
걸릴 때까지 떠돌아다닌다.
구슬똥이 꿈꾸는 행복한 삶.
사랑과 내면의 아름다움.
우리도 또한 그런 것을 꿈꾼다.

낚시꾼의 호수

미바튼은 수백 년 동안 아이슬란드에서 낚시로 가장 유명한 호수이다. 아이슬란드 북부의 고지대에 있는 아름다운 호수의 명성은 수많은 새들과 모기떼와 더불어 세상에 널리 알려졌고 낚시여행과 낚시꾼들의 전설적인 이야기가 널리 퍼지게 되었다. 여름, 겨울 할 것 없이 항상 송어를 낚을 수 있는 호수가 있다는 것은 얼마나 축복받은 일인가! 모든 것은 중요한 식량의 원천인 고기잡이를 중심으로 돌아갔고 이것이 미바튼 사람들의 삶에 결정적인 요소로 작용했다.

그러나 낚시꾼 호수의 좋은 시절은 다 지나가고 말았다. 호수에서 송어를 잡아 훈제생선으로 가공하여 생계를 유지하던 어부들조차도 다른 곳으로 가야 했다. 도대체 무엇이 문제였을까? 환경오염? 사십 년 동안 미바튼에서 운영되었던 규조토공장? 먹이 부족? 아니면 씨가 마를 정도로 물고기를 너무 많이 잡아서? 그것도 아니라면 전혀 예상하지 못했던 불안정한 생태환경이 문제였을까? 한 어부가 살던 호숫가 빈집의 서랍에서 발견된 50년 된 글에서처럼 사람들은 이미 오래전부터 물고기들이 사라질 것을 걱정했다.

발디라고 불리던 발디마르 할도르손(1888~1966)이란 한 남자가 있었다. 그는 카울파스트룀드라는 마을에서 태어나 자랐는데, 마을 뒤로 높은 분화구가 병풍처럼 막아주는 그곳은 마가목과 자작나무 숲 가운데의 호숫가에 있었다. 호수의 만 뒤로는 블라우프얄산이 장엄하게 솟아 있었고 마을 앞 호수에는 구멍이 숭숭 뚫린 돌담 속에서 부화한 북방흰뺨오리가 한가롭게 노닐고 있었다. 발디는 젊은 시절 아이슬란드 국민 시인인 다비드 스테판손과 함께 로마를 거쳐 카프리까지 여행을 다녀온 것 때문에 마을 사람들의 부러움을 산 적이 있었다. 그곳에서 두 사람은 카타리나라는 여인을 만났는데 다비드는 그 일에 대해 유명한 시를 지었었다. 다비드는 발디를 이탈리아 운전사라고 불렀다. 그러나 발디는 거처를 남쪽 해안가로 옮겼다가 나중에 고향으로 돌아왔다.

카울파스트뢴드 어느 낡은 농가의 모서리가 닳아빠진 책상 서랍 안에서 표지가 다 해진 노트가 발견된 적이 있었다. 그 노트에는 한 농부가 1960년의 고기잡이 사정과 호수의 미래에 관해 적은 글이 있었다.

나는 밖을 잘 다니는 편이 아니라서 만나는 사람이 드물다. 그러나 어쩌다 길에서 누군가를 만나면 이미 오래전부터 하는 얘기가 늘 똑같았다. 사람들의 의견은 저마다 달랐지만 그 일에 뾰족한 대책이 없다는 것만큼은 다 같은 생각이었다. 그리고 미바튼 호수에서 더 이상 물고기를 잡을 수 없을 정도로 물이 오염될 거란 사실도 분명해 보였다. 미바튼의 상황은 매우 좋지 않았다. 아주 오래전이 아니더라도 호숫가에 사는 농부들은 호수에서 많은 수입을 거두어들였다. 더구나 호수 주변에 들어선 모든 건물들은 대부분 송어를 팔아서 번 돈으로 지은 것이었다. 우리에게 건강하고 좋은 먹거리가 되어주었던 송어를 잊어서는 안 될 것이다. 송어와 새알은 결코 허접

한 음식이 아니었다. 이 모든 것이 계속해서 사라지고 사람들이 공장에 취직하여 먼지를 뒤집어써가며 생계를 위한 돈벌이를 할 때 많은 이들이 후회하게 될 것이다.

그리고 글은 이렇게 계속 이어진다.

자연보호에 관한 어떤 조치가 이루어지지 않으면 미바튼에는 더 이상 물고기 한 마리도 남지 않게 된다는 사실을 생각이 있는 사람이라면 다 알 것이다. 어쩌면 그것이 최선일지도 모른다. 그렇게 되면 물고기를 많이 잡은 사람을 시기할 사람은 단 한 사람도 없을 테니까.

호수 물결의 살랑거림과 자연을 사랑했던, 또한 세대마다 손에 쥐고 있는 가장 소중한 것이 무엇인지 잘 알고 있었던 한 사람의 엄중한 경고이다. 왜 이 기록이 발디의 책상 서랍 속에 있었던 것일까? 그가 반세기 전에 이 글을 썼을 때 사람들은 이 사실에 대해 전혀 관심을 두지 않았던 것일까? 발디는 앞으로의 일이 어떻게 진행될 것인지 알고 있었던 듯하다. 그때 사람들이 그의 말에 귀 기울였다면 무언가는 달라졌을 텐데……

무지개송어와 곤들매기 - 송어의 생태학

미바튼 호수에서 거의 사라져버린 이 물고기는 무엇일까? 송어란 말은 곤들매기와 무지개송어 두 종류의 물고기를 총칭하는 상위 개념이다. 그런데 두 물고기가 송어에 속하긴 하지만 겉모습이나 습성에 많은 차이가 있다. 이 물고기들은 미바튼 호수와 락사우 강에 사는데 무지개송어는 락사우 강에 주로 사는 반면, 곤들매기는 대부분 미바튼 호수에서 서식한다. 나는 해마다 봄이면 새를 세러 호수 곳곳을 다녀봤기 때문에 호수의 아름다운 곳을 많이 알고 있었다. 용암으로 된 호숫가를 따라 구불구불 나 있는 오솔길에 샛노란 동의나물꽃이 필 때면 정말 한 폭의 그림 같았다. 물속에는 모든 것이 살아 숨 쉬었다. 물의 흐름이 없는 웅덩이나 물살이 거센 강 모두가 그랬다. 강은 작은 섬을 돌아 흐르며 섬을 둥글게 만들고 여울을 지나 힘차게 흘렀다. 흐르는 물소리는 바다를 향해 나가는 기쁨의 메시지를 담은 합창처럼 들렸다.

아이슬란드에서 강은 다른 곳과는 비교할 수 없을 정도로 사람들이 송어를 잡기 위해 가장 즐겨 찾는 곳이다. 나는 웨이더*를 입은 낚시꾼들이 낚싯대를 들고 강 한가운데 꼼짝 않고 서 있는 모습을 자주 보았다. 자연 속으로 들어간 그들의 모습이 매우 인상적이었다. 그러다 갑자기 낚싯대를 챔질하면 무지개송어가 허공에 펄떡거리며 빛나고 있었다.

---

* 어부나 낚시꾼들이 입는 긴 장화바지.

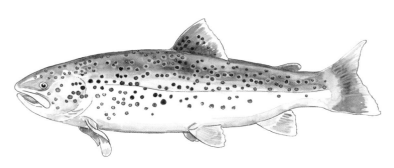

무지개송어

사람들이 가끔씩 락사우 강에서 곤들매기를 잡기도 하지만 예로부터 곤들매기가 주로 잡히는 곳은 미바튼 호수이다. 곤들매기의 생애를 살펴보면 대충 다음과 같다. 곤들매기는 10월에서 1월까지 알을 낳고 새끼들은 늦겨울에 부화하여 난황주머니가 없어질 때까지 자갈이 깔려 있는 강바닥에서 지낸다. 난황주머니는 노른자로 가득 찬 영양공급기관인데 알에서 깨어난 물고기는 일주일 정도 여기에서 영양분을 공급받는다. 곤들매기는 먹이가 풍부한 미바튼 호수에서 해마다 7~8cm씩 빨리 성장하고 4년째가 되면 번식이 가능한 성어成魚가 되는데 이때 크기는 30cm 정도이다. 사람들이 잡은 곤들매기는 30~50cm에 달한다.

곤들매기는 먹이 사냥을 할 때 임기응변과 적응력이 매우 강하다. 이들은 계절과 호수의 상황을 가리지 않고 거의 모든 것을 잡아먹는다. 곤들매기의 배를 따보면 철마다 주로 먹는 것이 무엇인지 알 수 있다. 그러나 곤들매기가 가장 좋아하는 먹이는 물벼룩과 같은 갑각류이다. 모기도 좋아하는 먹이인데 이들은 모기유충뿐 아니라 번데기도 다 잡아먹는다. 곤들매기의 배 안에 피라미나 다슬기껍데기가 있으면 이들에게 먹을 것이 많지 않았음을 뜻한다.

미바튼에는 보통의 곤들매기와 이보다 더 작고 검은 곤들매기두 종류가 살고 있다. 미바튼 사람들은 작고 검은 곤들매기를 크루스라고 부른다. 크루스는 수온이 낮은 곳에서 살고 맛이 없어서 사람들이 잘 먹지 않는 물고기이다. 생물학자들은 크루스가 미바튼에서 생겨난 종이란 것을 밝혀냈다. 이러한 물고기로는 동굴곤들매기도 들 수 있는데 동굴곤들매기는 이 책에서도 소개했을 만큼 충분히 연구가치가 있는 물고기이다. 물론 동굴곤들매기는 미바튼 호수에는 살지 않고 호수 주변의 용암동굴에서만 산다. 아이들은 이 물고기를 잡는 것을 좋아하지만 이것도 크루스처럼 사람들이 즐겨 먹지는 않는다.

송어 아니면 물고기?

야코비나 지구르다르도티르에 얽힌 유명한 일화가 있다. 서쪽 해안 지방의 호른스트란디르 출신의 그녀는 신비한 힘을 가진 시인이었는데 20세기 중반에 가르두르 출신의 스타리와 결혼하여 미바튼에 정착했다. 어느 날 한 남자가 찾아와 그녀의 집 문을 두드렸다. 그 사람은 훈제생선을 살 수 있는지 물어보았다. 야코비나는 계단 층계참으로 나가 난간 너머로 몸을 굽히고 그 남자에게 이렇게 물었다. "당신이 찾는 물고기는 송어를 말하는 건가요?"

　이 이야기에 미바튼 사람들은 배꼽을 잡고 웃는다. 나도 물론 그들과 함께 웃었지만 정확한 내용을 이해할 수는 없었다. 송어는 생선이 아니란 건가? 아니면 야코비나가 바다 생선이 풍성한 호른스트란디르에서 살다 왔기 때문에 송어 정도는 생선으로 취급하지 않았던 것일까? 아니면 그들만이 송어라고 부르는 특별한 생선이

따로 있다는 건가?

나는 문학을 전공한 아스타 크리스틴으로부터 이에 관한 이야기를 들을 수 있었다. 그녀는 아르나르바튼의 농가에서 자랐고 야코비나 지구르다르도티르의 문학을 전공한 사람이었다. 그녀가 말하길, 미바튼 사람들은 송어 말고 다른 생선은 입에 대지도 않는다는 것이었다. 그리고 야코비나의 이야기는 이 지역에서 사용하는 송어에 관한 표현의 일부를 보여주는 것이라며 미바튼 사람들은 송어를 절대로 물고기라 생각하지 않는다고 말했다.

미바튼의 토박이들은 송어를 아주 다양하고 세밀하게 구분했다. 20세기가 지나기 직전 가르두르에 사는 스타리와 이야기를 나누면서 나는 미바튼 사람들의 송어에 대한 표현이 암수에 따라, 혹은 생김새나 크기에 따라 참으로 다양하다는 것을 알았다. 플로아실구르는 크루스를 제외한 호수 한가운데 사는 송어를 말한다. 크래다르는 작은 송어를 부르는 말이었다. 가울라는 알을 밴 암컷 송어를 이르는 말이었고 핸구르는 수정이 가능한 수컷을 부르는 말이었다. 행스라우푸르는 다 자란 수컷이면서도 살이 별로 없는 놈을 일컬었고, 마라스라우푸르는 수초 속에서 달팽이만 잡아먹는 송어를 뜻했다. 두지나 행두지는 중간 정도 크기의 수컷이면서 살이 통통하게 오른 놈을 말했다. 비르틴구르는 몸 색깔이 은빛을 띠고 무게가 묵직할 정도로 살이 쪘으면서도 아직 어른이 되지 못한 애송이 송어를 부르는 말이었다. 우리다구르는 새끼 송어였으며 론투르는 이도 저도 아닌 송어였다. 그래서 사람들은 "이런 빌어먹을 론타!" 라는 말을 하곤 했다.

　이게 끝이 아니었다. 스타리의 얘기는 끝날 줄을 몰랐다.

　크루스는 작으면서도 색깔이 검은 무지개송어이고 브란다는 미바튼 사람들이 모든 송어를 통틀어 일컫는 말이라고 했다. 료자브란다는 어린 은빛 송어이고 그라우마기는 배 색깔이 검고 몸통은 하얀 무지개송어를 뜻한다고 했다. 그 물고기는 훈제용으로 최상이지만 그걸 아는 사람은 적다고 했다.

　이와 같은 얘기를 들으면서 송어를 그저 물고기라고 말한다는 것이 얼마나 한심한 일인가를 알게 되었다. 그러니 비르틴구르인지 브란다인지 정확히 얘기하지 않으면 행스라우푸르를 받을 수도 있는 것이다. 야코비나를 찾아간 사람은 물론 훈제송어를 원했을 것이다. 훈제송어를 미바튼 사람은 잘트레이두르라고 해야만 알아들었다.

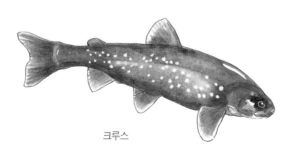

크루스

변동

자연의 변동은 언제나 있기 마련이다. 그것은 물고기의 이동이나, 파리떼 그리고 새들의 개체수에서도 일어나며 그 원인에 대하여 여러 가지 말이 많기도 하다. 성경에서 볼 수 있듯이 좋은 해가 있으면 나쁜 해도 오는 법이다. 학자들은 이러한 자연의 변동을 여러 가지 테스트나 통계를 가지고 면밀히 연구하고 우리의 환경과 자연생태계를 제대로 이해할 수 있도록 원인관계와 사례들을 찾아낸다.

스베닌 파울손이 남겨놓은 여행기록으로 1791년에서 1797년 사이의 일기장과 연구논문들이 남아 있다. 그는 아이슬란드를 여행하면서 본 자연과 삶의 모습을 자세히 기록해놓았다. 스베닌은 1794년 레이캬비크에 여러 날 머물렀는데 징을 새로 박기 위해 자신의 말을 맡겨놓은 동안 나우마프얄 산에서 유황의 채취과정을 적어놓았다. 그는 특히 지질학과 크라플라 화산의 폭발에 관심이 많았다. 하지만 그의 글에는 미바튼과 그 주변 지역에 관한 많은 정보가 남아 있다.

레이캬흘리드 마을의 농부 욘 에인아르손은 건장한 체격의 남자였다. 그가 우리를 반갑게 맞아주었다. 그는 미바튼 호수의 한 섬에서 막 건초 작업을 마치고 돌아오는 길이었다. 그는 평생 동안 아버지로부터 물려받은 농장을 돌보며 살았다. 예순 가까운 나이의 그는 여전히 건장했고 얼마 전에 젊은 여자를 아내로 맞이했다. 그는 열일곱 명의 자녀를 낳았고 손주를 서른여

섯 명이나 두었다. 욘 에인아르손은 날이 너무 가물어서 금년 여름에는 송
어잡이를 망쳤다고 푸념했다. 그러면서 그 대신 예년에 비해 모기에 물릴 일
도 없을 거라고 말했다.

가우트룐드 출신 욘 가우티 페투르손이 1935년에서 1960년 사이
에 쓴 『1850년에서 1900년 사이의 미바튼 지역에 관한 보고서』에
도 미바튼 지역에 관한 정보들이 남아 있다. 이 책에서 욘 가우티
는 미바튼에서 낚시꾼들의 어복은 자연의 변화에 달려 있으며 이
는 19세기 후반까지 계속되었다고 적고 있다. 또한 스쿠투스타디
르, 게이테이야르스트룐드, 카울파스트룐드 세 지역의 1874년에서
1879년까지 조황이 많이 회복되었다고 적고 있다. 그러나 조황에
대한 기록은 스쿠투스타디르에 관한 것만 남아 있다. 1874년에서
1879년 사이의 처음 3년 동안 그곳에서 한 해 평균 22,500마리의
송어를 잡았다고 한다. 그러나 그 후 3년 동안은 한 해 평균 7,000
마리뿐이었다. 이 사실은 물고기 개체수에 커다란 변화가 있었음
을 말해준다. 다른 지역에서도 조황은 이와 비슷하거나 조금 못한
수준이었다. 게이테이야르스트룐드에 사는 지구르두르는 1875년
여름에 엄청난 양의 송어
를 팔아야만 했다고
전한다.

큰가시고기

　예전 사람들은 일

반적으로 7년을 주기로 어획량의 기복이 일어나며 그 이유는 송어의 성장기와 관계가 있다고 생각했다. 누가 그런 생각을 했는지는 모르지만 그것은 사실이었다. 최근 라미의 생물학자들에 의해 그 사실이 밝혀졌기 때문이다. 7년 주기는 호수의 생태계를 짐작할 수 있게 한다. 그러나 오늘날 호수에 물고기 개체수가 줄어든 것은 7년 주기에 해당하지 않는다. 그 이유는 지속적으로 심각하게 줄어들기만 하기 때문이다. 다시 말하면 이제는 더 이상 생태계의 자연적인 주기에 따른 변화와 무관해신 것이다. 더구나 미바튼 호수의 곤들매기는 멸종위기에 처해 있는 상황이다.

미바튼 지역에 사는 농부, 어부들과 나눴던 이야기를 떠올리면 항상 똑같은 생각들이 반복된다. 가우트뢴드에 사는 뵈드바르는 그 지역의 유지였는데 2005년 여름 나는 그와 함께 미바튼의 과거와 전통에 대한 이야기를 나눈 적이 있었다. 그때 그가 "미바튼 호수는 이제 적지 않게 훼손되고 오염되었어요."라고 한 말이 떠오른다. 그 후 2년 뒤 나는 빈드벨구르에 사는 욘을 그의 집에서 만났다. 그는 나이가 많았고 기운이 하나도 없어 보였다. 그러나 지난 일을 이야기할 때면 여전히 기운이 나는 듯했다. "해마다 겨울이면 얼음낚시를 했었는데 이제 미바튼에

물수세미

는 더 이상 송어가 없어요. 내가 열두 살 때만 하더라도 해마다 700 마리의 송어를 잡았는데. 그것도 2파운드에서 4파운드까지 나가는 큰 놈들로만…… 그런데 지금은 더 이상 미바튼 호수에서 송어는 잡히지 않아요." 2009년 나는 가르두르에 사는 아르니와 함께 고기잡이와 송어 그리고 다른 많은 것들에 대한 긴 이야기를 나누었다. "내가 처음으로 호수에 변화가 일어난 사실을 안 건 1969년이었어요. 물고기도 완전히 다른 모습이었고 물 색깔도 변했지요. 그리고 다른 모든 것들도요. 이런 현상은 지금까지도 계속되고 있어요."라고 말하던 그의 표정이 지금도 생생하게 떠오른다.

　내가 만났던 사람 가운데 가장 젊은 스쿠투스타디르의 길피는 송어잡이가 1970년부터 악화되었다고 말해주었다. 그전까지만 하더라도 물고기는 충분히 있었다고 한다. "물고기를 잡다 보면 조금밖에 못 잡는 날도 많이 있어요. 그렇지만 하루에 스무 마리도 못 잡는다는 것은 너무 이상한 일이지요. 올여름엔 스무 마리를 잡아본 날이 하루도 없어요." 그해가 바로 2007년이었다.

어부의 삶

스쿠투스타디르의 어부이자 훈제기술자인 길피의 이야기는 매우 흥미롭다. 그는 20세기 중반에 태어났고 그의 삶은 미바튼 호수의 역사와 긴밀한 관계가 있다. 그는 스쿠투스타디르에서 농사를 지으며 물고기를 잡아 훈제하여 생계를 꾸려가는, 얼마 남지 않은 미바튼 호수의 어부 가운데 한 사람이다. 길피는 어렸을 때부터 송어를 잡아 훈제하여 팔았는데 그의 삼촌 욘이 고기 잡는 법과 송어를 저장하는 모든 것을 그에게 물려주었다. 길피의 가족사는 매우 흥미로운 동시에 미바튼 호수에 살았던 옛날 사람들의 삶의 모습을 보여준다.

길피는 훈제오두막 바로 맞은편에 있는 작업실에서 자신의 이야기를 들려주었다. 작업실 아래쪽 국도변에는 훈제송어를 판매한다는 글귀를 직접 손으로 쓴 푯말이 아름다운 여름 꽃으로 장식되어 있었다. 내가 그곳에 갔을 때 한창 연어를 훈제하고 있었는데 훈제오두막에서 새어나오는 냄새와 바로 그 옆에 있는 외양간의 오물 냄새가 뒤섞여 나고 있었다. 길피는 송어를 손질하느라 커다란 앞치마를 두르고 있었다. 그는 나에게 구석에 있는 의자를 내어주고 계속 일을 하면서 이야기를 했다. 그의 조부모는 세 아들을 데리고 스쿠투스타디르로 이주했다고 한다. 할아버지 크리스트얀은 손에 쥔 돈 한 푼 없이 그곳에 땅을 낙찰받았다. 그가 믿는 것은 게이테이야르스트뢴드에 사는 세 노인이 돈을 빌려주겠다는 약속뿐이었다. 그 노인들은 돈이 많았고 그 지역 사람들의 실질적인 은행 역할을 했다. 그들은 할아버지가 땅을 받을 수 있도록 도와주겠다며 돈을 빌

긴꼬리투구새우

려주고 그 대가로 빚을 다 갚을 때까지 스쿠투스타디르와 미크레이 섬의 가장 좋은 들판에서 건초를 만들 수 있게만 해달라고 했다. 무일푼이었던 크리스트얀은 이런 일이 생기자 거의 미친 사람처럼 보였다. 그가 받은 땅은 살 만한 집 한 채도 없는 곳이었다. 그리고 그 땅의 구매조건에는 땅을 판 사람을 위해서도 일을 해야 한다는 조건이 붙어 있었다.

마침내 그 땅은 크리스트얀의 소유가 되었고 젊은 부부는 세 아들과 소 한 마리를 데리고 하게네스에서 스쿠투스타디르로 이사했다. 크리스트얀은 곧바로 아들들과 함께 송어를 잡기 시작했다. 그들은 동이 터서 날이 저물 때까지 잡은 물고기를 훈제하여 내다 팔았다. 그렇게 십여 년이 흐른 뒤에야 크리스트얀은 담장을 두른 살 만한 집을 지었고 빚도 모두 갚았다. 이 모든 것이 미바튼 호수의 송어가 있었기에 가능한 일이었다.

길피는 자리에서 일어나 배를 가른 송어를 쟁반 위에 펼쳐놓았다. 그가 삼촌인 욘과 함께 이 일을 시작했을 때는 겨우 아홉 살인가 열 살 때였다. 삼촌은 길피가 다른 네 명의 조카들에 비해 물고기를 잡고 손질하는 일을 좋아한다는 것을 금방 알아차렸다. 길피는 송어의 배를 따서 내장을 꺼내는 일이나, 삼촌과 함께 호수로 배를 타고 나가서 하는 모든 일을 싫어하지 않았다. 옛날을 회상하는 그의 목소리가 아득한 꿈결처럼 들렸다. 그는 이야기는 이야기대로 하면서도 훈제오두막으로 들어오는 송어를 계속 손질하고 있었다.

길피와 삼촌은 엄청난 양의 물고기를 잡은 적도 적지 않았다. 한 번은 두 사람이 스타크홀스트외른 습지로 배를 타고 나갔다. 미바튼 호수 쪽으로 오륙백 미터쯤 가다가 닻을 내리고 낚시를 시작했다. 점심 무렵까지 백여 마리의 송어를 잡았다. 두 사람은 잡은 송어를 마대 자루에 담아 다른 배로 옮겨 집으로 돌아왔다. 건초를 수확하는 시기에는 특별히 할 일이 없었기 때문에 두 사람은 다른 마을 사람이 잡은 송어도 받아와 훈제작업을 했다. 욘과 길피는 끼니도 대충 때우고 그물을 가지고 다시 호수로 나갔다. 그들이 그날 밤 열 시까지 일을 해서 잡은 물고기는 250마리가 넘었다.

길피는 웃으면서 고무장갑을 낀 손으로 이마에 묻은 생선 오물을 훔쳐냈다. 그러고는 멀리 떨어진 페뢰에르 섬에서 온 송어를 손질했다. 그 송어는 여기서 가공을 마친 후 미바튼 훈제송어가 되어 팔린다. 그는 옛날 일들을 계속 이야기해주었다.

"그때 내가 겨우 열 살이었어요. 물고기를 많이 잡았던 그날 밤

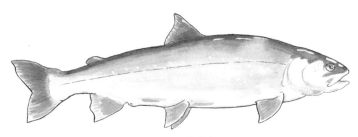

곤들매기

들뜬 마음으로 집으로 돌아오자 어머니가 우리를 맞아주면서 불쌍한 어린애를 죽일 셈이냐고 삼촌을 나무랐지요. 그러나 나는 그때 정말 흥분할 정도로 기분이 좋았어요. 물고기를 잡는 일은 나에게 힘든 일이 아니라 너무나 재미있었고 커다란 기쁨이었어요."

훈제오두막

길피의 할아버지 할머니가 스쿠투스타디르로 이사를 왔을 때만 해도 그곳에는 훈제오두막이 없었고 쓰러져가는 흙집과 외양간, 그리고 창고가 있었다. 할아버지는 창고를 훈제오두막과 마구간으로 개조하였고 길피는 그곳에서 삼촌으로부터 훈제기술을 배웠다.

훈제오두막에서 가장 중요한 것은 말린 동물의 배설물이었고 이것이 없으면 아무 일도 할 수 없었다. 배설물은 양의 것을 사용했는데 예전에는 들판에서 잡초를 먹고 자란 양의 배설물을 최고로 여겼다. 그러나 사람들은 더 이상 풀을 베어 말리지 않고 풀을 베자마자 마르지 않은 상태에서 그대로 원통형의 사일리지*를 만들기 시작했다. 그러자 사람들이 긁어모아 동물들에게 주었던 건초가 사라지게 되었다. 좋은 연료를 얻기 위해 우선 말라죽은 풀을 베어다 동물의 배설물과 잘 섞는다. 불길이 활활 오르지 않고 은근하게 타야 하는데 이렇게 해야만 훈제오두막 안의 적당한 온도가 유지되

---

* 작물을 베어서 저장탑이나 깊은 구덩이에 넣고 젖산을 발효시켜 만든 사료.

어 물고기를 제대로 훈제시킬 수 있다. 그렇기 때문에 예전에 사용하던 것보다 더 마른 새로운 배설물을 화로에 넣을 때면 더 세심하게 주의를 기울여야 한다. 잘못할 경우 불길이 올라 모든 것을 한꺼번에 망칠 수 있기 때문이다.

물고기는 보통 사흘간 훈제시키며 훈제를 하는 동안 계속 뒤집어준다. 훈제작업은 한시도 눈을 떼지 못하고 지켜봐야 하는 힘든 작업 가운데 하나이다.

미바튼 사람들의 겨울나기

누구나 미바튼에서 물고기를 잡을 수 있는 것은 아니다. 사람들은 일찌감치 이런 규칙을 정해놓았고 이것이 아이슬란드의 다른 호수에도 법적인 근거를 마련해주었다. 호수는 주변에 땅을 소유한 사람의 사유지역과 공유지역을 구분하는데 사유지역은 호수로부터 115m까지만 인정하고 나머지는 공유지역이다. 공유지역에서도 호수 주변의 땅을 소유한 사람에게만 어업이 허가된다. 하지만 얼음낚시는 누구나 할 수 있다.

미바튼 사람들은 아주 오래전부터 얼음에 구멍을 뚫고 낚시를 해왔으

숲이질풀

며 그것은 겨울철의 일상이었다. 미바튼 호수로부터 남쪽으로 멀리 떨어져 있지 않은 마을 가우트룀드에 사는 뵈드바르 욘손은 1712년 아르니 마그누손과 파울 비달린이 작성한 토지대장을 보면 호숫가에 땅을 소유하지 않은 사람도 낚시를 할 수 있었다고 말했다. 뵈드바르는 오랫동안 이것을 관철시키려고 주장했지만 뜻을 이루지 못했다고 한다. 그러나 그에게는 결국 이래저래 아무런 의미가 없게 되었다. 그가 보기에 호수는 점점 오염되고 파괴되었기 때문이었다.

예전에는 유빙 때문에 여름이 시작될 때까지 외국으로부터 배가 곡식을 싣고 오지 못하면 송어는 미바튼 주변 지역 사람들에게 가장 중요한 식량이었다. 물고기가 많이 잡힐 때면 물고기를 가득 실은 말의 행렬들이 호수 주변의 마을을 다니면서 팔았고 그것이 중요한 수입원이 되었다.

19세기부터 20세기 초반까지만 하더라도 다른 지역 사람들이 미바튼에서 얼음낚시를 하러 몰려왔다. 얼음낚시 철은 늦겨울에 시작됐는데 그때가 되면 에이야프외르두르 지역의 회프다흐베르피, 동부에 있는 뫼두르달루르, 북부의 쎄이스타레이키르와 같은 곳에서 많은 사람들이 왔다.

송어 덕분에 미바튼 사람들은 굶는 일이 없었다. 얼음낚시를 하러 온 사람들이 항상 많았기 때문이기도 하다. 빈드벨구르의 욘은 초봄이면 집집마다 최소한 네 명의 얼음낚시꾼들이 민박을 하면서 가족들을 먹여 살릴 송어를 잡았다고 말해주었다. 또 저지대의 사람들은 먹을 것이 전혀 없어서 실내용 가죽신발을 우유에 불려 씹어 먹기도 했다고 한다.

사람들은 가능한 한 옷을 두껍게 껴입고 꼭 필요한 물건과 낚시 도구를 챙겨 호수로 갔다. 그들은 체온을 유지하기 위해 씨름을 자주 했다. 스쿠투스타디르의 길피는 얼음낚시를 하러 많이 온 하게네스에 관한 기록을 우연히 보았던 이야기를 말해주었다. 레이캬달루르와 아달루르의 사람들은 하게네스로 말을 타고 가 마을에서 일주일을 보냈다. 그들이 낚시를 하여 송어의 내장을 제거하고 눈 속에 파묻어 보관하는 동안 마을 사람들이 그들의 말을 돌봐주었다. 마을 사람들은 그것 말고는 그들을 달리 도와줄 방법이 없었고 그들에게 아무런 대가도 바라지 않는 것을 당연히 여겼다.

하게네스 근처에는 이트리 하마르라는 분화구가 눈 속에 높이 솟아 있었다. 한번은 한 무리의 낚시꾼들이 그 분화구 절벽의 남쪽에서 얼음낚시를 하였고 또 다른 낚시꾼들은 절벽의 북쪽에서 낚시를 했다. 이들은 서로를 볼 수 없는 곳에 있었다. 물고기는 보통 아침에 많이 잡히고 한낮에는 뜸하다가 저녁이 되면 다시 많이 잡혔다. 그런데 그날은 조황이 영 신통치 않았다. 그러자 한 낚시꾼이 절벽을 힘겹게 기어 올라가 다른 편에 있는 낚시꾼들에게 씨름을 하자고 소리 질렀다. 이렇게 두 무리의 낚시꾼들은 한자리에 모여 씨름을 하면서 지루함을 달래곤 했다.

얼음낚시와 구더기

전통 얼음낚시를 하려면 낚싯대가 필요하다. 그 낚싯대는 동물의 뿔이나 나무로 대를 만들어 낚싯줄에 봉돌과 바늘을 달아 완성한다. 미끼로는 파리의 구더기를 사용하는데 구더기를 얻기 위해 사람들은 여름철 평평한 땅에 구멍을 파고 그 안에 물고기의 내장이나 음식물 쓰레기를 넣어둔다. 파리들은 그 안에 알을 낳고, 알은 구더기로 자란다. 그러나 구더기가 생겼다고 성급히 좋아해서는 안 된다. 구더기가 번데기로 변해 금방 파리가 되어 날아가기 때문이다. 사람들은 파리의 변태 과정을 잘 살펴보기 위해 구멍 둘레에 이탄을 뿌려놓고 구더기가 구멍 밖으로 나오는지를 확인한다. 구더기가 구멍 밖으로 나오기 시작하면 구멍을 막아버린다. 그러면 구더기는 더 이상 번데기가 되어 파리로 성장하지 못하고 구멍 속에 파묻혀 죽는다. 얼음낚시 철이 되면 사람들은 구더기와 함께 얼어붙은 흙을 한 덩이씩 파서 집으로 가져와 구더기가 다시 깨어날 수 있도록 따뜻한 실내에서 녹인다. 사람들은 보통 하루에서 사흘 동안 흙덩이를 녹이며 구더기가 깨어날 때까지 기다린다. 구더기를 감싸고 있는 흙이 녹으면 미끼가 필요할 때 즉시 사용할 수 있도록 잘 보관해야 한다. 이때 구더기를 이와 입술 사이에 넣으면 구더기가 따뜻해져 다시 깨어나고 몸도 부풀어 올라 먹음직스러운 미끼로 사용할 수 있다.

노련한 낚시꾼은 동물의 뿔로 만든 미끼통을 가지고 다닌다. 미끼통은 대부분 소뿔로 만드는데 때로는 양의 뿔로 만들기도 하며 이것 역시 좋은 미끼통이다. 먼저 뿔의 속을 파내고 그 안에 흙을 어느 정도 채운 후 구더기를 넣어 보관한다. 미끼통의 구더기를 다 쓰지 못하고 남으면 다음 날 다시 사용할 수 있도록 집 밖의 차가운 곳에 내놓는다. 하지만 얼어붙은 구더기는 좋은 미끼로 사용할 수 없기 때문에 흙 속에 얼어 있던 구더기와 비슷한 방법으로 살려낸다. 그러나 이번에는 구더기를 빨리 사용하기 위해 서너 마리 정도를 입 안에 직접 넣는다. 이제 남은 일은 물고기가 이것을 맛있게 먹어주는 일뿐이다.

낚시꾼들은 얼음판 위에 고기 담을 상자를 깔고 앉는다. 상자에는 보통 서른 마리에서 쉰 마리의 물고기를 담을 수 있다. 고기 상자를 가득 채우지 못한 날은 그날 운이 좋지 않았기 때문이라고 낚시꾼들은 생각했다.

매섭게 추운 날엔 낚시꾼들은 크고 무거운 도끼날이 달린 특수한 얼음도끼를 들고 나간다. 얼음에 구멍을 뚫고 낚시를 하거나 그물을 치려면 좋은 얼음도끼가 필요하다. 낚시꾼들은 가을에 얼음도끼로 얼음 상태를 깨보아 언제쯤이면 얼음판 위를 밟고 다녀도 안전할 정도로 충분히 얼음이 얼 것인지 점검한다. 그리고 해빙기가 되어 얼음판 위를 다니는 것이 위험할 때에도 얼음의 강도를 시험하기 위한 얼음도끼가 없어서는 안 된다.

나이가 많은 낚시꾼들은 어디에 송어가 많은지 정확히 알고 있었다. 그들은 물고기가 먹이활동을 위해 움직이는 물길을 잘 알았다. 한 사람이 운이 좋아 물고기를 낚으면 다른 사람들도 그곳으로 자리를 옮겨 얼음구멍을 파고 물살이 어떻게 흐르는지 알아내기 위해 그곳에 낚시를 드리웠다. 사람들은 그렇게 맨 처음 물고기를 잡은 낚시꾼 주변에서 낚시를 했다. 그리고 이런 것을 "사람을 따라 구멍 뚫기"라고 말했다. 나중에 온 사람들은 맨 처음 그 자리에 온 사람을 보고 곧바로 어느 정도 고기를 잡을 수 있을 것인지 알아냈다. 한 사람을 따라 다른 사람들이 얼음 구멍을 뚫는 것은 흔한 일이었다. 스쿠타 스타디르의 길피는 어렸을 때 그런 일을 뻔뻔하다고 생각했었다고 말했다. 그러나 사람들은 그게 바로 기술이라고 했다.

알프스망초꽃

하지만 얼음판 위에도 예의가 있었다. 예를 들자면 그곳에는 서너 군데의 얼음구덩이가 있었는데 사람들은 그 안에서 언제든 무언가를 잡을 수 있었지만 그런 방식으로 물고기를 잡는 것은 뻔뻔한 짓이라고 여겼다. 가을에 그런 얼음구덩이를 차지한 사람이 그곳에서 물고기를 잡으면 그것은 그 사람의 것이 되고 그 누구도 그곳에 얼씬거리지 않았다. 그러나 그가 물고기를 다 잡고 나면 다른 사람이 그에게 직접 허락을 받고 그 자리에서 물고기를 잡을 수는 있었다. 허락 여부는 처음 그곳을 차지한 "자리주인" 마음이었으며 그것에 대해 사람들은 아무런 불평도 하지 않았다.

그 지역에서 전해온 얼음낚시를 둘러싼 전통은 19세기 중반에 거의 사라졌다. 송어를 잡는 일이 전처럼 생계에 꼭 필요한 것도 아니었지만 마을 사람들은 얼음낚시를 계속했다. 이들은 1970년 이후까지도 구더기를 가지고 낚시를 하였지만 그 후부터는 상점에서 쉽게 구입할 수 있는 냉동새우를 미끼로 사용했다. 나이 든 낚시꾼들은 이를 몹시 못마땅하게 여겼지만 냉동새우를 미끼로 해도 물고기는 예전처럼 잘 잡혔고 미끼를 마련하는 일 또한 너무 간편했기 때문에 사람들 사이에 금방 퍼지게 되었다.

문화, 지혜 그리고 전통의 많은 부분들이 송어와 함께 호수에서 사라졌다. 여름, 겨울 할 것 없이 수많은 방법으로 물고기를 잡던 어부들의 사회는 여러 가지 낚시도구가 발전하였을 뿐 아니라 자연으로부터 얻은 먹거리를 다양한 방식으로 가공하고 보관할 수 있게 되자 결국 막을 내리고 만 것이다.

송어들의 천국

아르니 에인아르손과 나는 언덕 위에 앉았다. 나는 호수와 시시각각 변하는 빛의 변화를 살펴보고 있었고, 아르니 에인아르손은 새로 구입한 물건을 조립하고 있었다. 그것은 카메라를 설치하여 공중촬영을 할 수 있는 드론이었다. 더구나 그 드론은 북극제비갈매기처럼 공중에서 정지 상태로 떠 있기도 했다.

호수는 항상 끊임없는 향연을 펼친다. 구름 한 점 없는 하늘에 다시 작은 구름이 끼더니 들판 위에 구름 그림자가 드리웠다. 바람은 수면 위에 잔잔한 물결을 일으키며 동쪽으로 불고 있었다. 여름이면 새들과 갓 태어난 새끼들로 가득 찼던 호수는 이제 텅 비었다. 대부분의 오리들은 따뜻한 곳을 찾아 떠났고 북극제비갈매기도 고향으로 돌아갔으며 큰아비새도 바다로 떠났다. 가을 햇살이 구름 사이를 뚫고 나와 검푸른 호수 위에 떠 있는 섬들을 비추었고 산허리를 감싸 안았다. 그 산은 블라우프얄과 젤란다프얄이었다. 검푸른 산들은 서로 다른 모양으로 아름다움을 과시했다. 산꼭대기의 잔설이 마치 취침용 하얀 모자를 눌러쓴 것 같은 블라우프얄은 벌써 겨울 분위기를 자아내고 있었다.

북동지역의 태양은 짙게 낀 구름 사이 보이지도 않는 만큼의 틈을 비집고 나와 나우마스카르드의 온천수를 비추고 있었다. 다른 곳은 구름에 가려 어두운데 유독 그곳에만 자주 햇빛이 비치는 모습은 너무나 아름다운 광경이었다. 옛날 사람들은 이런 광경을 두고 우스갯소리로 이렇게 말했다. "해가 똥꼬 안에서 비추는구먼."

나는 독실한 신앙인은 아니었지만 전지전능하신 분이 그곳에서 우리를 내려다보시는 것은 아닌가 하는 생각을 자주 떠올렸다.

이제 우리는 놀랍게도 신의 눈과 같은 능력을 갖게 되었다. 새로운 도구를 만들어냈고 그것은 우리에게 또 다른 시야를 열어주었으며 전에는 숨겨져 있던 또 하나의 세상을 보여주었다. 그것은 우리에게 새롭고도 무한히 다양한 우주 세계를 볼 수 있게 해준 허블 우주망원경과 비슷한 것이었다. 이제 드론은 고요한 호수 위에서 벌어지는 일을 마치 신이 하늘 위에서 내려다보듯 우리에게 보여준다.

드론이 윙 하며 공중으로 떠올랐다. 프로펠러가 하나의 바퀴처럼 보일 때까지 점점 빠르게 회전했고 마침내 드론은 호수 위로 날아갔다. 우리는 드론에 장착된 카메라가 촬영한 영상을 컴퓨터 모니터를 통해 볼 수 있었다. 물은 수정처럼 투명했고 호수 바닥에서 곤들매기들이 짝짓기를 하고 있는 것이 보였다. 짝을 지은 곤들매기는 마치 기계 속 부품인 바퀴처럼 진흙탕 위에서 원을 그리며 빙빙 돌았다.

우리는 곤들매기 산란지역으로 이동했다. 그곳은 온천이 많고 호수는 일 년 내내 얼지 않는 곳이었다. 우리는 그곳의 산란장소를 자세히 관찰할 수 있었다. 직경 2m의 검은 덩어리가 약 5m 간격으로 듬성듬성 있었다. 암컷이 산란장소를 선택한 후 검은 자갈과 진흙으로 사랑의 보금자리를 만들어 수컷을 유혹한다.

우리는 드론에 달린 카메라를 통하여 암컷이 산란장소를 깨끗이 정리하기 위해 몸을 옆으로 누이고 꼬리지느러미를 열심히 움직여

가며 땅을 파내는 것을 볼 수 있었다. 그리고 암컷은 자기보다 큰 수컷이 지켜보는 가운데 산란을 했다. 수컷은 배가 불타는 듯한 빨간색이었고 등은 검었고 지느러미는 흑백색의 줄무늬가 있었다. 보기만 해도 기운이 넘쳤다. 우리는 잠시 동안 수컷을 관찰하면서 가능한 한 수컷이 놀라지 않게 드론을 조종했다. 미바튼 호수에서 2천년 동안 살아온 곤들매기의 산란을 관찰한 것은 아마도 이번이 처음이었을 것이다. 우리는 수컷이 산란장소로 가까이 오는 다른 수컷을 순식간에 쫓아내버리는 모습을 보았다. 산란장소를 빙빙 돌며 암컷을 지키고 있던 수컷은 암컷을 포위하는 듯하면서 자극하여 짝짓기를 위한 체액을 내뿜었다.

그런데 뜻밖에도 다른 수컷 한 마리가 이들의 영역을 침범하고 말았다. 그 수컷도 몸집이 크고 색깔이 화려했다. 두 마리의 수컷은 잠시 동안 서로 탐색을 한 후 나란히 위치를 잡고 천천히 움직였다. 그러더니 갑자기 상황이 바뀌었다. 산란장소에 먼저 자리를 잡았던 수컷이 초대하지 않은 수컷 침입자에게 돌진하여 밖으로 쫓아내버렸다. 두 마리의 수컷은 곧바로 수면 위로 올라왔다. 불타는 듯한 빨간색의 배와 하얀 지느러미가 햇빛에 반짝거렸다. 우리는 카메라를 장착한 드론을 호수의 다른 만곡으로 이동시켜보았다. 거기에서도 비슷한 상황이 벌어지고 있었다. 한 무더기의 검은색 알이 있는 곳을 한 쌍의 송어가 선회하며 지키고 있었다. 곤들매기, 무지개송어는 이곳에 알을 낳지 않았다. 그런데 우리는 이곳에서 아주 신기한 수컷을 보았다. 그 수컷은 몸이 날씬하고 등은 짙은 회색이었으며 지느러미에는 희미한 줄무늬가 있었다. 아마도 산란장소에 쉽게 다가가기 위해 암컷으로 위장을 한 것 같았다. 자신을 암컷처럼 보이게 함으로써 산란된 알을 수정시킬 수 있도록 한 것이다. 이러한 현상들을 보면서 이곳에는 앞으로도 연구할 대상이 참으로 많겠다는 생각이 들었다. 송어의 개체수가 많지 않음에도 불구하고 산란장소에서 피 터지는 싸움이 일어난다.

우리는 드론을 만곡으로 이동시켰다. 그곳의 호숫가에 발디의 옛집이 있었다. 호수 바닥으로부터 솟아오르는 맑은 샘물이 있는 곳에서 우리는 또 다른 산란지를 발견했다. 송어들의 천국인 이곳에서 생명체들은 앞으로도 계속 꽃을 피워갈 수 있을까? 지난 몇 년 동안 이루어졌던 자연보호와 어업 제한이 결실을 맺을 수 있을까? 나는 최소한 그렇게만이라도 되길 바랐다.

발디의 집은 더 이상 남아 있지 않았다. 그러나 드론이 카메라 말고도 타임머신을 달고 있었다면 그 집의 창문을 통해 드론을 날려보내 그 옛날의 그 노인이 다락방의 모서리가 낡아빠진 책상 앞에 앉아 자신이 물고기를 잡았던 일과 그 몰락에 관해 쓴 글을 읽을 수 있었을 것이다.

이 문제들이 나 개인적으로는 그렇게 심각한 것은 아니다. 고기를 잡는 일도 이제 끝이 다가오고 있다. 나는 자식들도 없지만 그래도 지금 이 순간을 감사드린다. 그러나 대부분의 사람들은 나와는 다른 상황이다. 그리고 그들이 원하는 것이 이루어지길 간절히 바란다. 모든 세대는 후손들에게 훼손되지 않은 자연과 살아갈 수 있는 가능성을 최소한 자신이 살아있을 때 누렸던 만큼, 아니면 자기 세대보다 더 좋은 상태로 물려주어야 할 의무가 있다고 생각한다.

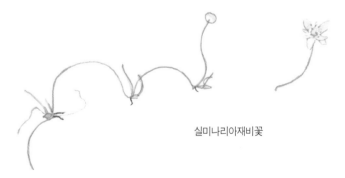

실미나리아재비꽃

남색 광택이 나는 흰줄박이오리가 호숫가 풀숲에서 나와 쏜살같이 빠르게 락사우 강 위를 가로질러 뛰어가는 것은 미바튼의 동쪽 호숫가에서 유유하게 움직이고 있는 곤들매기와 보이지 않는 연관 관계가 있는 것이다. 작은 구멍 속에 있는 북방흰뺨오리의 알은 미바튼 호수의 플랑크톤과 떼려야 뗄 수 없는 사이이고 락사우 강 하구의 바다에서 거대한 흰수염고래가 먹이 사냥을 할 때에도 미바튼 호수가 적지 않은 역할을 한다. 생명체가 사는 공간은 관계들로 형성되어 있고 미바튼 호수도 마찬가지로 이 관계의 그물망과 같다.

미바튼 호수와 락사우 강의 자연이 보호되어야 한다는 사실을 모르는 사람은 아무도 없다. 그러나 제대로 된 생태환경에 대한 이해 없는 자연보호는 본래의 목적을 이룰 수 없다. 생물학자와 자연보호 전문가들은 생물과 환경과의 관계에 대한 연구를 지속적으로 하고 있다. 그러나 이것의 복잡한 실마리는 아직 풀리지 않았다. 그 실마리가 완전히 풀릴 때까지는 아직도 많은 시간이 필요하고 그때 우리가 놀랄 만한 새로운 사실이 세상에 밝혀질 것이다.

비록 우리는 자연의 모든 것을 이해하진 못하지만 그 안에서 살아 움직이는 것의 아름다움은 잘 알고 있다. 작은 것에서부터 커다란 생명체에 이르기까지 그 사이의 끝없는 순환을 잘 알고 있어야 그 아름다움을 제대로 느낄 수 있다. 이것은 고요한 아침 호수에서 소리 없이 움직이는 미생물, 혼란스럽고 무질서한 분위기를 연출하는 가운데 윙윙거리며 시끄럽게 날아다니는 모기떼, 그리고 힘차게 날개를 퍼덕이며 수면 위를 활주로처럼 달려 날아오른 뒤 알을 낳아 부화시키고 있는 산속 둥지로 돌아가는 북방흰뺨오리 모두에게 해당한다. 우리는 미바튼 호수에 감추어진 아름다움을 느끼고 있을지 모르지만 우리가 믿고 있는 그 아름다움의 실제에 대해서 아는 게 거의 없다.

미바튼에서 펼쳐지는 자연의 하모니는 우리가 본질적으로 자연 속에서 어떠한 위치를 차지하고 있는지 깨닫게 해준다. 그 위치는 세상과 연관되어 있으며 우리가 살고 있는 이 땅이기도 하고, 바로 이곳, 저기 저 산 그리고 내 주변이다. 바로 이러한 사실이 우리들로

하여금 지구상에 있는 미바튼이란 곳을 다시 기억하게 만들고 끊임없이 그 자연으로 돌아가게 해준다. 그러나 한편으로 그곳에서는 우리가 알게 모르게 생물이 하나둘씩 멸종하고 있다. 이러한 변화는 급속히 진행될 것이며 앞으로 시간이 얼마 남지 않았다. 육지와 호수 그리고 바다의 바이오시스템은 우리에게 아직 남아 있는 것을 보존시키기 위해 체계인 대책을 요구하고 있다. 이제는 손바닥만 한 땅은 물론 모든 산, 모든 지역, 마을, 만과 협곡, 피오르드, 호수 이 모든 것이 소중하기만 하다. 그리고 미바튼의 기적도.

흰줄박이오리

많은 조언과 도움을 준 사람들에게 고마움을 표하며

아르니 에인아르손

아르니 할도르손

아스타 크리스틴 베네딕트스도티르

브야르니 크리스토퍼 크리스트얀손

뵈드바르 욘손

핀보기 스테판손

게르두르 베네틱트스도티르

길피 잉바손

효르디스 핀보가도티르

욘 아달스테인손

카리 쏘그림손

마르그레테 힐두르 에길스도티르

스쿨리 스쿨라손

외르놀푸르 요하네스 올라프손

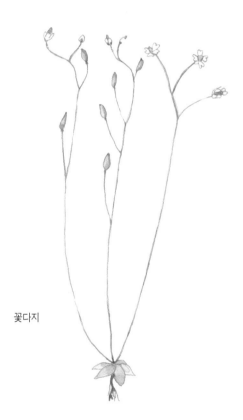

꽃다지

옮긴이 서경홍

충남대학교 독문과를 졸업하고 독일 지겐대학에서 박사학위를 마쳤다. 『꽃을 사는 여자들』, 『마음의 여행자』, 『좌파들의 반항』, 『고장난 자본주의』 등 여러 권의 책을 번역하였다.

미바튼 호수의 기적 — 새와 파리, 물고기, 그리고 사람들 이야기

초판 1쇄 발행 · 2019년 6월 28일

지은이 · 운누르 외쿨스도티르
옮긴이 · 서경홍
펴낸이 · 김요안
편집 · 강희진

펴낸곳 · 북레시피
주소 · 서울시 마포구 신수로 59-1
전화 · 02-716-1228
팩스 · 02-6442-9684
이메일 · bookrecipe2015@naver.com | esop98@hanmail.net
홈페이지 · www.bookrecipe.co.kr | https://bookrecipe.modoo.at/
등록 · 2015년 4월 24일(제2015-000141호)
창립 · 2015년 9월 9일

ISBN 979-11-88140-87-9 03470

종이 · 화인페이퍼 | 인쇄 · 삼신문화사 | 후가공 · 금성LSM | 제본 · 대홍제책

이 도서의 국립중앙도서관 출판예정도서목록(CIP)은 서지정보유통지원시스템 홈페이지(http://seoji.nl.go.kr)와 국가자료공동목록시스템(http://www.nl.go.kr/kolisnet) 에서 이용하실 수 있습니다. (CIP제어번호: CIP2019023526)